五湖四海

华北东南亚及东欧地区

家常菜

麦圆本·文字
Stella So·图

序一

天生我才必有用

　　发挥"天生我才必有用"的精神，是社区投资共享基金（基金）建立社会资本的重要核心价值之一。这种精神及价值，对于被外界标签为"问题社区"的天水围则尤其重要。基金资助东华三院[1]在天水围[2]推展的"天厨"邻舍互助计划，能积极发扬这种精神，将参与者的潜能尽情发挥，并且能有效地连结社区资源，建立紧密的互助网络。

　　此计划的名称改得甚有意思，正好扼要带出计划的重点及背后的深层意义。计划透过发挥"天水围"居民的厨艺能力，把"天生我才必有用"的精神尽情显现。此计划成功建立平台，将一班天水围居民（当中不少来自内地不同省市的家庭）天赋的厨艺潜能得以展示人前，让他们成为社会资本滚动的核心种子，再配合适切的培训及推动，提升他们及整个社区的能力。参加者不只是担当服务受助者的角色，而是透过计划的参与转化成建立社区网络的推动者。

　　"天厨"计划亦不限于个人潜能的发挥，同时有效提升家庭及社区的和谐气氛，建立家庭、邻舍及社区守望互助的精神。计划更以"厨艺"连系家、校、社及商户，成为建立社区网络的桥樑，借此增进区内不同机构、团体及

劳工及福利局
社区投资共享基金委员会主席
杨家声先生，S.B.S.，J.P.

家庭之间的合作，共建天水围社区正面新形象。

　　我有幸品尝过"天厨"的美食，亦见证他们向在坐宾客介绍"自家制"美食时的自信及喜悦。计划所结的灿烂成果，喜获三联书店（香港）及生活·读书·新知三联书店的支持及肯定，将"天厨"的故事，先后出版繁简体两册《五湖四海家常菜》，将社会资本的理念以全新角度及面貌展现于大众眼前。本人寄愿，"天厨"计划将继续在天水围社区中发光发热，并且作为借镜的典范，扭转社会对"弱势社群"的标签及定型，为社会带来希望，共同建立关爱互助的社会文化。

1. 东华三院，创办于 1870 年代，是香港历史最悠久的慈善组织。

2. 天水围，位于新界元朗区，居民中不少是来自五湖四海的新移民。

序二

天厨邻舍互助计划

"民以食为天",饮食 —— 一向是中国人的共同兴趣。在社区投资共享基金(基金)资助下,东华三院在2008年起,崭新地以"食"作为介入点,在天水围区推行"天厨邻舍互助计划"。今天,能看到多位"天厨"参加者将计划中的得着及经验,结集成《五湖四海家常菜》书籍,与社会大众分享,实在可喜可贺。

犹记得在2009年2月时,我与基金秘书处同事大清早到天水围,亲身为计划打气。当日印象最深的是,见到计划团队培育了不少"天厨",他们大多是新移民妇女,运用自己烹调"五湖四海"家乡菜的专长,服务自身社区。由她们起初普遍自认为"我什么都不懂,做不来",其后透过实质参与,彼此鼓励,在不知不觉中,她们逐渐相信"原来我也可以",从此,她们的面上便挂着自信的笑容。有一段时间她们更在报章亲身介绍拿手家乡菜,我每次看到她们得意杰作背后所显现的自信与满足,都感受很深,更以她们为荣。

"天厨"之间的关系亦因此而连结起来,大家由陌路人变成好拍挡,甚至挚友,互助互信之情尽浮现于日常生活接触的细节里。计划发展至今,"天厨"更进一步关注社区需要,并会亲自联系街坊,一起编织社区的支援网络,

劳工及福利局
社区投资共享基金
推广及发展小组委员会主席
关则辉先生 M.H.,J.P.

这些正是基金一直提倡的社会资本！

基金欣赏东华三院在推行计划上经常推陈出新，以新思维审视社区特质及需要，并构思崭新及有效的连系策略建立社会资本。相信"天厨"参加者们自强不息、面对困难依然拼搏乐观的"香港精神"，日后一定可以在天水围植根，薪火相传。

家常菜的故事

为进一步推动居民社区参与及提升跨界别合作，东华三院自2008年起获得社区投资共享基金资助220万元（港币，下同），推行为期三年之"天厨—— 邻舍互助计划"。从个人层面出发，把厨艺对个人的正面影响，推展到家庭及社区。

"天厨 —— 邻舍互助计划"以厨艺作导引，把来自不同家乡的家常菜及人物，透过访谈及厨艺示范，化成一个又一个的故事。每一道菜的背景，都盛载着一个地方的文化，传承着一个个家庭故事，更可能反映出"说故事者"的个人价值及信念。

本社区食谱是一个崭新的尝试，不单只把社会福利、社区人士、商界及文化界连系起来，更通过文本及插画，把每道家乡菜立体地呈现给读者。文章不单只说出家乡菜的制作方法，通过作者与被访者的对话更浮现出菜式跟家庭、以及社区的联系，加上 Stella So 笔触独特的插画，尽管每道菜未必可探本溯源，至少让居民在主流媒体论述下有自己发声的角度，让香港人认识真实在地的家常菜故事。

感谢各方的支持，使过往在报章刊登过的故事能结集成为两册《五湖四

东华三院主席 梁定宇

海家常菜》。我们希望每家每户都能通过厨艺，享受美食所盛载的文化和底蕴，时刻食聚天伦。

序四

作者的话

在一年半的时间里，我每星期都进入天水围进行家访，大多数接受家访的朋友，都是新移民妇女。其中有一些告诉我，其实说新移民也不新了，在香港已经居住了十多年。我的采访内容是：移居香港，吃得惯吗？怎样吃？

吃得惯吗？怎样吃？会涉及厨艺的范畴，受访者下厨示范的过程，由老少女以细致的画笔——留住。然而另一个视野：当我们移居到一个新的地方，面对新的生活环境，从前的饮食习惯，会勾起回归母体的渴望，一种心理负担？还是，我们可以带着传统，让双脚一跳，投入全新的生活经验？吃得惯吗？怎样吃？不能够三言两语，单单从观察三餐的内容来解答。吃得惯吗？怎样吃，反映了个人的经济能力，个人与社区关系，个人与家庭在大环境之下的张弛与对拆。

四川人在香港还吃不吃辣？山东人在香港吃馒头还是吃白米饭？为了在香港揾食，你以为一个新移民，会努力学好广东话还是学好普通话？希望这本书集结的家常菜访问，会带给大家一道一道平常真味。

麦圓本

Stella So

1 我还记得第一次往
天水围采访的情况

2 我们走进被访者的家，
社工便为我们互相介绍。

3 很快地，我们便钻进
窄小的厨房里。

4 起初被访者
有点紧张

5 我们也手忙脚乱

6 煮好后，摄影记者便会要求被访者和食物合照。

7 然后便为食物独立拍照，有时更要调设灯光。

8 之后，我们便边吃边绞尽脑汁向被访者提问。

今天真的多谢你接受访问！

9 走前社工会为被访者要材料钱

10 第一次访问中拍了太多照片，把它们打印后再画真的十分花时间。

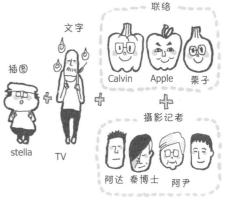

联络

文字

插图

Calvin　Apple　栗子

stella　TV

摄影记者

阿达　泰博士　阿尹

11 之后差不多两年的时间里，采访团的人员搭配大概便是这样了。

12 当中有不少令人难忘的菜式，例如萍姐的客家鸡酒。

13 又如卿姐弄的潮州卤水五花肉

14 莲姐的泰国菜固然精彩，她煲的香茅水更是一试就爱上。

15 有次更比 Ruby 姐的杭州油爆虾壳谁吃的多

16 不过，最难忘的莫过于13岁超能干青春少女 Ivana 做的客家擂茶。

17 以及婷姐煮四川鸡丁那令人落泪流涕的一刻

18 而差不多两年的美食之旅，并没有打烂另一位作者的斋砵。

19 他只吃素，又不吃韭菜和葱，要尝味只好蘸一点汁偷偷地联想。

20 或是问"试食兵团"的各种食后感来帮助写稿

21 现在，我已经可以边看人煮菜边画食谱，不用相机拍照也能准确而细致。

22 而TV，更可以只在笔记本上记下受访者名字和菜名，便可以回家写稿了。

24 最后，各位不用羡慕我，你们照书上的食谱做便行了！老少女更要以此书傍身呢！

第一章 川菜

第二章 京津菜、沪菜、鲁菜

第三章 东南亚、南亚、东欧菜

五湖四海
家常菜地图

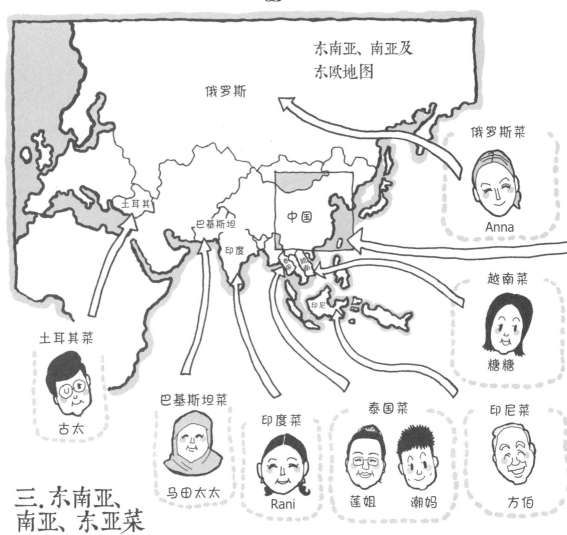

东南亚、南亚及
东欧地图

俄罗斯

俄罗斯菜

Anna

土耳其

中国

巴基斯坦

印度

泰国 越南

土耳其菜

越南菜

糖糖

印尼

古太

巴基斯坦菜

印度菜

泰国菜

印尼菜

三.东南亚、
南亚、东亚菜

马田太太

Rani

莲姐　潮妈

方伯

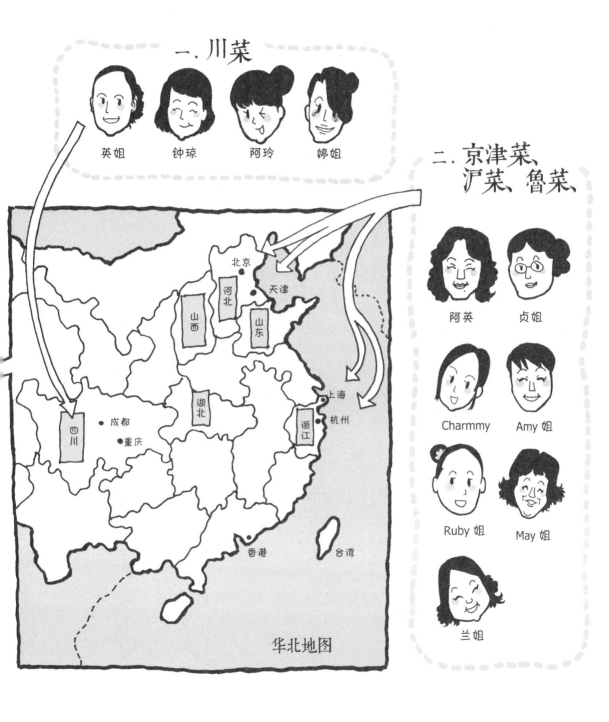

一．川菜

英姐　钟琼　阿玲　婷姐

二．京津菜、
　　沪菜、鲁菜、

阿英　贞姐

Charmmy　Amy 姐

Ruby 姐　May 姐

兰姐

北京
河北
山西
山东
天津
湖北
成都
重庆
四川
上海
杭州
浙江
香港
台湾

华北地图

我以前对饮食不讲究也不重视，
总觉得"人活着不是为吃饭，
吃饭是为了活着"。所以经常吃快餐饭盒。
终有一日发现自己胃部不适，
始知饮食的重要性。机缘巧合下，
我在社区中心结识了不少志趣相投的朋友，
学到很多不同地方的菜式，人也变得开朗
和自信，对前景也不再过份担忧了。

英姐

田头薄饼下午茶

　　这天东华三院中心很热闹，阿英示范家常菜变成一个试吃派对，她的菜式吸引了很多中心职员出来吃下午茶。我已经不必做试吃调查了。年轻的职员一边吃，一边还口齿不清地说话，听不懂这些发自内心的"原始语言"，也不知道他们是自言自语还是对着阿英说客套话，大概都是在说好吃吧，但比平常的发音要低八度。然后，在落地玻璃窗外，有一个路人甲看着灶头放着田头薄饼，她眯着眼在微笑。中心职员介绍路人甲给我认识，路人甲说看到那块田头薄饼，便想起了深圳南投的蚝仔饼，她说小时候只能吃蚝仔饼，是因为吃不起大蚝，还说她祖父做叮叮姜糖，父亲做花生糖，又说……太好了！我于是游说她给我们示范她的家乡小菜。

　　每一个本书的受访者都很用心，希望把自己的拿手菜式与同好分享，阿英今天做了煎麦饼和莲藕盒子。根据中心职员的面部表情，我得知前者很好吃，而我却独爱煎麦饼，因为里面有阿英的成长片段，我称这个煎麦饼为田头薄饼。

　　上世纪七十年代，湖北大别山一个乡村里，老爸老妈带着孩子种地，男孩从小就跟着插秧、除草，拿起锄头勤快干活，上学事小，种田事大。女儿也跟着到田里干活，这个叫阿英的女孩天生不是做农民的材料，见到蚂蝗一小叫，见到花蛇一大叫。老爸跟老妈说："唉！田里的虫那么多，几时叫得到嫁人？"老妈就对阿英说："你怕蛇虫，就不要跟着种田了，你在家里给我打点。我教你做煎麦饼，下午拿到田里给我们吃。煎麦饼很简单，把家里磨好

的小麦粉加水，开出一个稀稀的浆水，撒点香葱花，锅里放点油，锅烧红之后把浆粉倒下去，稀稀的浆粉在锅里摊开成为薄薄的一片，好了，薄饼传出香味，翻转，又煎香。就这样简单！做得来吗？""做得来的。"从此，阿英在家里是兼职农民，她努力读书，煎田头薄饼，给劳动家人送下午茶，不知不觉就中学毕业了。家里说女孩子不必读太多书，于是她去学制衣，到了香港，她也做制衣。现在，她是全职煮妇。今天示范的田头薄饼没有葱花，但她加了甘笋粒、黄瓜粒和玉米粒，也不应该说是田头薄饼了。一块煎麦饼加一杯热饮，收18元，是个不错的下午茶套餐。

最受试吃兵团钟爱的，肯定是这个莲藕盒子。简单来说，它是我们常见的煎藕饼。莲藕盒子的意思是在两片相连的莲藕中间夹着猪肉碎。阿英的家乡做法是泡油而不是香煎。把夹肉藕片放在滚油里炸得金黄，然后再调一个用红椒粒、香葱粒加上酱油做的荧汁，卖相非常好看。阿英说莲藕盒子是过节菜，也是朋友到访时的宴客菜。试吃到了尾声，碟上只有一个藕盒子，新来参加派对的朋友和吃了整块的朋友分着吃，都说这个很好吃！好吃！

田头薄饼

玉米 → 玉米肉

黄瓜 → 黄瓜去皮切粒

甘笋 → 甘笋切粒

1 先预备玉米、黄瓜粒及甘笋粒。

2 把以上材料用盐腌一下

3 再放入生粉、鸡蛋及适量清水搅成蛋浆。

4 然后下锅煎

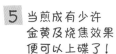

5 当煎成有少许金黄及烧焦效果便可以上碟了！

莲藕盒子

1 莲藕去皮

2 然后用盐入味

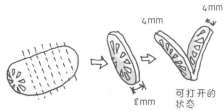

4mm

4mm

8mm

可打开的状态

3 随即切成一片片可打开的薄片

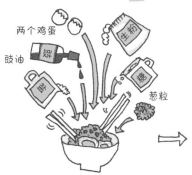

两个鸡蛋

生粉

豉油

糖

葱粒

再把碎肉酿入莲藕中

4 然后把豉油、糖、生粉、盐及两个鸡蛋与碎猪肉搅好

5 很快便可以弄好一碟了

生粉

鸡蛋

水

6 另一边,把生粉、水和鸡蛋搅成炸浆。

7 然后把已酿好的莲藕逐片点上炸浆

8 并下锅炸,炸至金黄色即可上碟。

红椒粒

葱粒

水

豆粉水

9 再制造酱汁,加入红椒粒、葱粒和豆粉水煮。

10 煮好汁后,立即倒在炸莲藕上即大功告成!

为爱女而烧的 糖醋鱼

　　阿英说："我老家在湖北的大别山，那里是个穷地方。"她对家乡菜的印象不深，我老是问她家乡有什么菜式，她老是想不出来。本来她提出要做一个小吃：金黄丸子，是将糯米粉搓红薯再炸成金黄色，我说以前写过了，可不可以做别的。她想了一天，说做糖醋鱼吧。后来跟阿英说她的下厨经验，原来她以前也是不必掌锅铲的。她以前打工不做饭，结婚后也不做饭，但是，当女儿长大了，她觉得女儿需要好的食物、好的营养来应付学习；于是，她开始下厨，为女儿的学业打拼。这个糖醋鱼，阿英的女儿很喜欢的。

　　虽说阿英是湖北人，她示范的糖醋黄鱼和酒酿鹌鹑蛋糖水却是绝对的香港口味。先说糖醋鱼，湖北有糖醋鱼，上海本帮菜有糖醋鱼，浙菜也有，川菜也有，但是每个地区用的鱼可能不同，用的醋也不一定一样。糖呢？我觉得可能是一样的——白砂糖。湖北吃鱼，多吃河鲜，上海的糖醋鱼，是黄花鱼吧？阿英今天买了两条小黄花鱼，她说鱼很新鲜，便把鱼洗好，刮去肚内脏物，拍上生粉就可以放在锅里煎香。阿英说家乡用鳊鱼，味鲜，香港偶尔也有，但好像跟记忆里的鲜味有差距。鱼煎香后，上碟，再用镇江醋调一个芡，淋在黄花鱼身上就可以了。用镇江醋推芡我还是第一次见，广东做甜酸菜式，不是都用白米醋吗？米醋无色，可以让厨师推出一个透明的芡汁，又或者加西红柿或菠萝，可以有鲜艳的红色或黄色，那很悦目。镇江醋推的芡，有点暗哑，我觉得有点失色。糖醋鱼我没有试味，但大家反映很好，插画家老少女说鱼味鲜甜，甜酸合度。我倒是试了那个酒酿鹌鹑蛋糖水。

　　我做酒酿糖水，一定安排酒后下。水多滚一会儿，酒味便挥发多一点，我喜欢糖水保留酒酿的浓香。阿英则把酒酿放到水里滚，滚了好一会儿才把鹌鹑蛋放到糖水里。鹌鹑蛋先煮熟去壳，最后阿英加入打好的鸡蛋浆，一面在大滚糖水里倒入蛋浆，一面快速搅拌。这酒酿糖水很清，小鹌鹑蛋仍是洁白。阿英说加入了红色的枸杞，白里有红才好看，而且一定要装在一个透明的玻璃碗内。我们终于找出了一个透明的大碗，摄影哥哥看着它，从上面拍，从侧面拍，从旁边拍，都是为了表现那种白里有红又通透的感觉。

　　吃的时候，虽觉酒味不浓，但酒的甘甜与鹌鹑蛋配合得很好。酒酿久煮，酒的浓香消失。我的做法是要酒的浓香而不是酒的甘甜，那是各取所需。阿英补充说，家乡不用鹌鹑蛋，用汤丸，汤丸是很家常那种，没有包馅的，是地道的农村做法。我问为什么要用鹌鹑蛋呢？阿英说营养丰富嘛。

糖醋黄花鱼

1 先把黄花鱼洗净
和去内脏，鱼籽
则可以留下。

2 然后把鱼
切开边，可令鱼
煮得更入味。

3 放一点盐调味

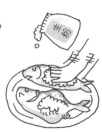

4 之后再用
生粉涂
满鱼身
上下两面

5 再自制甜酸汁，
少许生粉，
糖及醋可以多些。

6 一切准备好便
用油爆香姜片

7 然后便把鱼
下锅煎，
先煎反面。

8 再煎正面，
直至两面
全熟。

9 最后便放上葱
段及豉油调味

10 便可以上碟了

11 随即再倒入
甜酸汁煮，
搅一会。

12 当甜酸汁煮熟
后便倒在热烘
烘的黄花鱼上，
这样糖醋黄花鱼
便大功告成！

酒酿鹌鹑蛋

1 先煲水

2 水滚后，便倒入糯米酒糟。

3 再倒入己洗好的枸杞

4 再放入冰糖

5 然后放入已熟的鹌鹑蛋

6 另一边把鸡蛋打散

7 然后一边倒入蛋浆一边搅拌正在煮的糖水，制成蛋花。

8 传出阵阵酒味，饮下去甜丝丝，又有甜美甘香的鹌鹑蛋以及微微酸甜的枸杞味，酒酿鹌鹑蛋太容易做又太好吃了！！

搓饺子皮用
什么面粉

　　阿英也在社区中心分享过烹饪心得，这天她示范完家常菜之后，接着替社区中心示范包饺子。做田头薄饼时，我问阿英用什么面粉，她说可能是高筋粉。我想，其实不必用高筋粉，中筋就可以了。因为田头薄饼不必发酵，不讲求松软的效果。

　　初次接触面粉，我被不同的面粉种类弄得一头雾水，后来才明白，因为不同的小麦中蛋白质含量不同，所以面粉的制成品会出现不同的口感，做面包要松软，所以要用高筋粉，即蛋白质含量高的面粉。做饺子皮呢？一般中筋粉就可以了，而做饼干的话，就一定要用低筋粉。可见，小麦粒本身的蛋白质含量，只是一个计量指标，而不是质量等级，不同的蛋白质含量出产不同的食品。

　　以中国大陆为例，一般北方的冬小麦生产出高筋面粉。根据食物工业惯常的标准，高筋面粉的蛋白质含量是14％或以上。黑龙江及华北平原出产高筋小麦较多，华中地区天气偏暖，湖北省出产的小麦一般为中筋小麦。中筋小麦粉的蛋白质含量一般在12％到13％之间，主要用来做面条和馒头这些需要一定程度发酵，但又不需要大量气孔出现在成品里面的制品。

　　其实华南地区也栽种小麦，例如广东的潮州和湛江都有，但主要是地区食品，不是商业生产。潮州的咸面线是面食中的一绝，香港的面厂偶有生产。今天在潮州、揭阳等地的农村，仍然可以见到村民在门前晾起一行行的面线，这些面线，以前都是地道的南方低筋小麦做成。高筋与中筋相差不多，而中筋与低筋之间也分别不大，但高筋与低筋相距就远了一点：所以用中筋面粉做面包可以，但用低筋面粉做面包，效果就不太好了；然而用低筋面粉做的饼干，表面平坦，不会因为发酵而在烘烤的过程膨胀，质地酥脆而不硬实，用高筋面粉做的饼干就达不到这个效果了。饺子是用面粉搓出来的皮包着馅料，经过水煮或者煎烤而制成的。饺子皮的质地决定了口感，要软而不韧，用中筋面粉恰到好处。

　　面粉有很多名目：高筋粉有时英文称为 high gluten flour, 有时称为 bread flour, 有时也称为 strong bread flour。中筋面粉有时称为 all purpose flour, 有时称为 plain flour。低筋面粉有时称为 pastry flour, 情况颇为混乱。但是下厨经验稍多的人自然会找到需要的面粉。

我自问对厨艺一知半解，
但经过好一段时间，发现与家人及朋友
分享食物原来可令我十分愉快。
后来尝试以导师角色分享四川家常菜，
才知道我的厨艺可薪火相传！

钟琼

钟琼的川菜梦

川菜让人想到红辣椒，想到镜头下的滚油抢火，想到厨师紧绷的脸，想到我要一杯冰水救急火……在狭小的厨房里，我挨着墙看钟琼包川式云吞，拨弄麻婆豆腐，刺激气管的辣油味开始在空气里飘浮，有点呛。钟琼把折叠整齐的云吞放入高汤里，高汤表面几粒花椒忙着滚动。钟琼说：我平常做菜味道不会太浓，适中吧……说着，她试了一口高汤，然后加了一小匙盐。

我：钟琼，在香港吃过川菜吗？

　　钟琼：吃过（她不大感兴趣地说，是不是香港的川菜不地道？或者材料不对劲？），吃了辣子鸡，很辣，非常辣，但没有其他味道，吃了两口不吃了。

我：听说川菜有些看上去是一盘辣椒油，但吃下去却不辣的。

　　钟琼：对呀，四川的辣椒有些是不辣的。

我：香港做川菜方便吗？

　　钟琼：不太方便，这里水就不好，很怪。就算是豆腐也是不好（我插嘴：没有豆味）。对！对!？没有豆味。（她微笑表示认同）在香港找不到好的川菜材料，做不出麻辣的感觉。

我：那香港的辣椒辣吗？

　　钟琼：香港的辣椒不够辣，花椒也不香。

我：香港的辣椒和花椒也是大陆生产的，花椒是四川的土产吗？

钟琼：很多人家里都种花椒。我的家却没有种。但不明白，香港买
　　　到的花椒和辣椒就是不够味！这些辣椒我是自己从四川带回来的
　　　（她用干辣椒磨粉，把花椒磨碎做了吃面用的辣酱）。

我：花椒要怎样处理才可以使用？

钟琼：其实因人而异，好像这个煮云吞的高汤，我们便放原粒的花
　　　椒在里面，添加一点麻香味。但做辣酱调料，我们会把花椒磨碎。
　　　但是你也可以在任何菜里放原粒的花椒或者把它磨碎。你喜欢原粒
　　　也可以，喜欢碎的也可以。炒四川火锅的汤料，一般都是磨碎材料
　　　才炒香，因为这样容易炒制。

我：如果日后你自己开一间川菜小馆，可能你要回四川买材料了。

钟琼：这个真要考虑（有点忧心地皱眉）。因为在香港买不到完整的
　　　四川菜材料，而且有些调料或材料，是香港口味，而不是四川口味，
　　　好像豆瓣酱，是我们自己种豆、去壳和去皮做的，而家家户户都会
　　　做泡菜；不过目前开四川料理的专门店是言之过早。

　　说到开店，她笑起来。钟琼说过，开店是因为要脱贫，要开阔自己的生
活。我想，无论是愉快的笑容、害羞的笑容、还是怀着梦想的笑容，早一点
笑，早一点开心，也不必计较是否言之过早吧。

川式云吞

1 待油滚后，把花椒
及辣椒放热油中，
边搅拌边爆锅。

2 待材料熟透后，
便成为麻辣酱。

3 汤底则用猪骨、
海带，并用少量
花椒及盐作调味。

4 差不多煲好时，
可以放在保温煲内
边保暖边出味。

5 云吞馅用碎
猪肉，加入蛋和
韭黄搅拌而成。

6 把适当分量的
猪肉放在
菱形摆放的
云吞皮上

7 三个角上也
点一点蛋浆
或水

8 合成为一个
三角形

9 三角形向下，
左手中指轻
按云吞。

10 把两个角落
从后扭上

11 金元宝般的
云吞一下子
便出现了

12 学了一会，
便很快成为熟
练技工了。

13 把生云吞放
入汤里再煲，
直到云吞浮上
水面才算是熟。

14 把云吞和汤也
盛出来，便成
为一碗地道的
四川云吞了！

麻辣度：★★★★★

如要吃辣，
就可自行点上
麻辣酱了。

钟琼鱼 & 粉蒸肉

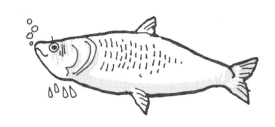

　　宫保鸡丁、麻婆豆腐……都是因人命名的川菜。今天容我在这里为大家介绍一道钟琼鱼，暂时在钟琼家才吃得到的香港川菜！对，是香港川菜，由一个居港的四川人因应香港生活而创造出来的菜式。钟琼今天为我们示范的另一道川菜是粉蒸肉，跟钟琼鱼相反，这是一道她在家乡冬天过节时经常吃的家庭菜。我问随团访问钟琼的朋友吃过用这种材料组合的菜吗？大家都说："没有！"用饭包着的肉，别想错了，不是广东茶楼的糯米鸡。

　　踏入钟琼的厨房，除了油、盐和酱油之外，看不到多余的调味酱料，也没有四川的豆瓣酱。钟琼说自己除了油、盐之外，很少用到其他的调味料，就是喜欢吃食物的鲜味和原味。当她摆出今天的食材，真的吓了我一跳，竟然是乌头鱼。乌头鱼肉粗味重，塘养乌头泥味大于一切，除了泰、越两系菜可以用辣椒和香料整治之外，追求鲜味的港人都不太喜欢它。我问："乌头不是地道的四川食物吧？"钟琼说："不是，我们多吃鲩鱼。"

　　钟琼说："在鱼身划上三刀，放入姜片去除鱼腥。划了三刀，鱼熟得快，鱼鲜味就可以保留。"我问："这条鱼要用蒸的方法吗？"钟琼说："用少量的水直接煮的。少量的水在锅里煮开，放入姜、葱、辣椒，和一个鲜青柠檬，把整条鱼放入锅里煮，合上盖。"我又说："广东菜不会用水煮鱼的，都说鲜味会流失，除非是煮鱼汤。钟琼说："川菜里，本来是用水煮鱼的，但会加四川泡菜和辣椒，味道很好。我觉得蒸鱼花的时间比较长，又耗燃料，我没有太多时间，所以就把蒸鱼方法免掉，但又不是全用四川水煮鱼的方法，因为我在家里已不太煮川菜了，在香港辣椒吃得多也不好。这个鱼，只用不多的水来煮，煮五分钟左右，鱼就差不多熟了。"她说的也对，解说之中，鱼就熟了。我见锅内的鱼汤也不多。钟琼说："煮好了，水不多，鱼还是很鲜的。"最后，她撒了点豉油在鱼汤里。

把鱼端到饭厅，再将一大碗粉蒸肉拿出来。钟琼说因为时间关系，已经做好了。钟琼说做这个菜比较费时，首先要磨米粉，米粉不是我们由小吃到大的那种用米为原料做成的面食。钟琼把米用石盅磨碎，像西厨的面包糠般用来包裹着一块块的肉。钟琼说："今天的米粉加了红米，健康些；肉是鸭肉。"她说用什么肉都不要紧，看个人口味。

本来，这道菜要用蒸笼把肉蒸上个半小时的，钟琼说："但我没有，将就用一个圆盆算了。这个菜也不是全用肉，肉是放在上层的，还有一个底菜。底菜可以用红薯、土豆、芋头、南瓜等等。如果用蒸笼的话，底菜下面还要加一块布或者菜叶把底菜托住。"我想那大都是可以承接肉汁的材料。

好了，一切就绪，大家都想试菜。画家问："粉蒸肉用了什么调味料？"钟琼说："吃得出来吗？"画家说："不是辣，是有点麻。"钟琼："对，用了少量花椒，磨米时一起磨碎了。"团友又问："肉块怎样上粉？"钟琼说："加了鸡蛋，米粉便蘸在肉块上。米粉要先炒过才磨。"我问团友："粉蒸肉的感觉如何，以前吃过吗？"大家都说："没有啊，用米粉轻轻包着肉来蒸。肉是很酥软的，很好吃。"我想说是不是有点像广东菜的炖品？

蒸乌头

材料

姜丝　　　干辣椒粒

葱丝　　　青柠檬

1. 鲜乌头一条
在家乡四川多是选择鲩鱼等地道河鲜，在香港则选了乌头。先去内脏，切去尾鳍，在鱼身上切三刀，塞入三片姜片。

2. 调味料
姜和葱切丝，辣椒切粒，青柠檬一个。

盐

1　把姜丝、葱丝及辣椒粒放在水中煮至水开。

2　把鱼放在水中盖上煲盖煮10分钟，水的高度触及小半鱼身。

3　鱼煮熟后，放入蒸鱼豉油、少许盐及青柠汁调味。

4　最后把鱼和汤盛出，在鱼身上加点葱粒即可。

粉蒸肉

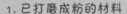

1. 已打磨成粉的材料

红米　少量花椒

白米　　少量辣椒

手工磨碎

2. 肉类

冬天四川人煮此菜时多会用羊肉，因可暖身。但这次买了半只鸭，连骨切块，以少量盐调味。

土豆

芋头

红薯

3. 根类

四川人多会用土豆作底菜，而这次则买了时令的芋头。

莲藕

4. 少量生菜

作蒸笼托底用

1 把生菜放在蒸笼底，如无蒸笼用碗也可。

2 把芋头切片放在生菜上作底菜

3 把鸭肉蘸满已磨好的米粉，放在蒸笼的上层。

4 先把水煮开，再放入蒸笼以慢火蒸一个半小时，然后盖上煲盖焗一下更好。

5 蒸好后，放上少量葱作点缀即可大功告成。

伴碟 | 川菜之魂花椒

钟琼，四川人，与邓小平同乡，在深圳打工认识了丈夫，然后嫁到香港。家住天水围，育有一子一女。她说初来香港，很想吃辣，也许是想家吧。她在四川经常吃麻辣面，做起来也很快、很方便，酱料是花椒、辣椒和肉碎等，现在这种感觉慢慢淡了。广东人会煲汤，四川人不煲汤的，但丈夫喜欢喝汤，煮菜也不错。丈夫教她煲的第一个汤是红萝卜葛根鲗鱼汤，她教丈夫做的第一道川菜是麻婆豆腐。

她的川菜手艺是从前家庭教育的一部分，每天耳濡目染加上亲力亲为练回来的。钟琼也希望把川菜的手艺传给自己的孩子。她的小孩们都学着包云吞，她说广东的云吞比较简单，四川人的云吞比较着重外观，她的四川云吞包好之后像个小巧的元宝。钟琼说："女儿还小，折起四个角就算包好云吞了，怪怪的。"她最喜欢的川菜是水煮肉片，很辣！我很喜欢辣，不过，香港的天气跟四川不同，四川怎样吃辣都可以，在香港吃多了辣椒我都会长唇疮呢！

在港多年，每天为家人张罗三餐，她说煮的广东菜比川菜还要多，川菜重辣味的调配，但家人不太能够天天面对这个无辣不欢的文化。渐渐地，她就不太煮川菜，调味也不太加辣椒。有时候，她也会看着自己煮的家常小菜问："这个是广东菜呢？还是四川菜？"

  辣椒源自南美，踏足中国才三百多年，但川菜之魂—花椒则是中国产物。秦汉时，后宫佳丽在房间撒花椒除虫，又以花椒调泥抹墙以取芬芳、温暖、多子之意。以后，妃嫔所居之处便称为椒房。

  花椒又称川椒、蜀椒，属芸香科。明代王象普的《群芳谱》说："川椒肉厚皮皱，粒小子黑，外红里白，入药以此为良，他椒不及。"《本草纲目》说："椒乃纯阳之物，其味辛而麻，其气温以热，入肺散寒，入脾除湿，入右肾补火，可治阳衰足弱诸症。"中国多省均产花椒，以川椒最有名，而川椒当中，又以西路和南路所产最好。西路茂县、金川、平武一带所产：粒大、肉厚、身紫红、味麻香；南路以凉山、雅安一带为好，尤以汉源清溪最负盛名。其色黑红，其油滋润，麻味浓烈而绵长。

  一直以来川菜师傅都知道六月椒之说。因为红油辣子、花椒油、泡红辣椒、泡姜、郫县豆瓣五大调料是川菜的根基所在：要炼得麻香、浓厚、醇和的花椒油，非六、七月所采的鲜花椒不可；把鲜花椒吹去水气后，放在密封的容器里，又放入在锅里炼熟的八角、菜油，最后加入老姜、大洋葱等配料，待油温降凉，便密封容器，等半个月以后开封，花椒的麻香便在辣油里透出来了。

  川人喜食火锅，火锅之味全在底料的炒制，而旧历八月，正是炒制火锅底料之时，因为这时的青花椒最好用来炒火锅料。过了这个时节，干了的花椒就没有那种浓烈的香味了。

陈年卤水川菜情

　　阿玲说四川人家家都有最少一个泡菜坛子。泡菜坛子里装的是泡菜用的卤水，卤水里面自然有泡菜。泡菜是四川人家里最基本的食材，泡菜可以直接吃，可以炒菜，可以放汤，时下一道新派川菜 —— 酸菜鱼也是以泡菜为基调的。既然泡菜这样重要，阿玲也从重庆老家带了一坛卤水回来。这坛卤水是治思乡病的，因为她移居香港之后，身体开始抗拒吃辣了，吃了辣椒肚子会不舒服。一个重庆人的餐桌上没有了四川的"根"。何以解忧？唯有泡菜。

　　阿玲从厨柜的一个阴暗角落移出泡菜坛。坛口有一圈储水槽，槽内注了水；拿起了坛的盖，还有一张保鲜纸封着坛口；掀起保鲜纸，看见满满一缸卤水，上面泛着鲜红的指天椒，厨房亦飘浮着淡淡的酸菜味。

　　阿玲说："这是我从婆婆家里拿回来的卤水，婆婆对我说，这些泡菜卤水的年纪比我还要大。我一直用这个泡菜卤水，也有 5 年了。"阿玲用筷子夹起了紫姜、红萝卜、黄瓜等泡菜。黄瓜、红萝卜是比较容易得到的材料，通常泡一晚，第二天便可以吃；但是有些时令菜，一年只会出现一个月左右，例如紫姜和当地的特产紫萝卜。紫萝卜可以把卤水都染作紫红色，腌三五七年的紫萝卜有治病作用，能对付一般感冒，在大坛里捞出一条紫萝卜"咔嚓咔嚓"吃几口就好了。我们会把这些材料一下子腌很多，可以长年都吃到，所以每个人家里都有不止一个泡菜坛，一坛是现泡现吃的，一坛是腌泡了长时间的时令菜，愈"陈"的卤水腌的泡菜愈香脆，这个坛也一定容量很大。我记得小时候，家里有个很大的泡菜坛，我找泡菜，半身也弯入了泡菜坛内。

妈妈就会说:"你的手干不干净,别把我的泡菜卤水搞坏了!"阿玲取出了泡菜,立刻又把坛盖好,当盖子合上时,槽内的水淹着坛盖的边沿,保证坛内坛外的空气不能交换。坛盖的水也可以用盐替代,但一般人家都会注水。槽内的水放久了也会变坏,会影响坛内的卤水,所以也要替换。香港人出远门,会把家居门户锁好,四川人出远门,却是给邻居打招呼:"哪位,请帮我的泡菜坛添水(用川话说的,叭啦啦很快的一句)。"泡菜坛水槽保存的水量不多,挥发之后卤水可能变坏。阿爷传下来的卤水,岂可坏在我的手里?

坏了一坛卤水,只好再做,然后又一年一年的把菜泡下去,一代一代累积陈年卤水的内涵。阿玲说泡菜卤水的基本做法是:烧开水之后再放凉,加入盐、啤酒、冰糖、紫姜、新鲜大蒜、辣椒和花椒做成基本的卤水,再放入其他蔬菜腌泡。时间愈久远,卤水愈有劲,腌泡时间愈短。我问为什么要用啤酒,阿玲说:"以前是用白酒的,现在有人用啤酒,可能是因为里面有酵母菌吧!每次泡完了蔬菜,也要再适度添加一点盐,中间加一点酒,那样卤水便会保持咸酸度。而冰糖呢,除了调味之外,它的功用在于使腌泡的蔬菜有爽脆的口感。

这次,阿玲给我们准备了3种泡菜:紫姜、红萝卜和黄瓜。阿玲说:"也可以拌一点辣椒油增加风味;或者,用来炒鸡丁、土豆丝,很好送饭。"这天午饭,我吃了咸酸的四川泡菜,还用四川棒棒鸡的辣椒油来捞饭。阿玲说这个太辣了,我说不辣,我用辣椒油捞豆腐花吃呢!

卤水泡菜

1 煲滚水

2 让开水放凉

啤酒　冰糖　紫姜　新鲜大蒜　辣椒　花椒

3 把凉水注入泡菜缸，并放入紫姜、大蒜、辣椒、花椒、冰糖、啤酒和盐，假以时日，便成为卤水。

红萝卜

黄瓜

4 再放入时令蔬菜瓜果，泡得愈久味道愈好。

苦力专吃 棒棒鸡

　　阿玲告诉我，四川口水鸡在重庆被称为棒棒鸡。何谓棒棒？担挑是也。阿玲是四川重庆人，她说重庆是山城，小路羊肠，你要搬家的话，有什么大物件要从这里搬到那里，你就得请苦力帮忙挑。苦力这样一步一步以担挑负重，顺着"长命斜"汗流浃背……棒棒鸡就是指苦力们专吃的菜式。离开了山城，阿玲没有想过肩上的担子比山城苦力背的更沉重。她在香港独力照顾一对年幼子女，她说："这个鸡翅就是为他们而创作的。"笔者称之为阿玲鸡翅。

　　棒棒鸡以苦力为对象，其做法不会很繁复，因为苦力以体力换时间，吃饱了起身就干活，等不了老火炆炖。棒棒鸡先要把鸡煮熟，一间饭店可以先准备很多煮熟了的鸡，我们广东人称为白切鸡。棒棒鸡是在蘸酱上下功夫，广东人用熟油姜葱，重庆厨师用麻辣配方。

　　阿玲先烧开了水，然后放入姜片、长葱和全鸡，全鸡要滚煮大约12分钟。棒棒鸡的蘸酱是麻香的辣椒油，其主要材料是花椒、辣椒干、洋葱粒、姜蒜粒和糖。花椒和辣椒都要炒香炒干，然后捣碎。材料处理好，烧热一点油把材料调和起来。假设现在你是山城小径上一间小小饭店的老板，苦力来了，把生财工具放好，然后朝你大叫："老板，棒棒鸡！"声音饿极了。那你得把预备好的一小份白切鸡浇上麻、辣、香的酱料，再爽快地取一把碎花生撒在酱料上。苦力大哥吃一块蘸满辣油的鸡，又香又软又辣，双脚关节的风湿也不那么容易积存。苦力大哥很快把白米饭吃个碗底朝天，喝一大口茶便

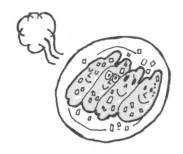

继续上路了。临走前丢下两句话："老板，那个碎花生米可以粗颗粒一点，而且炒香它、炒香它！"如果你是一个进取的老板，下一次苦力再来时，除了那一把碎花生米，我想你会再放两条清香的香菜为装饰。

苦力会吃，因为人人都有味蕾。小孩子更会吃，朝自己喜欢的味道要求妈妈关爱。阿玲的孩子喜欢吃鸡翅，香港长大的小孩不再吃麻辣，但是香港的冷冻鸡翅实在没有什么鲜味。有一次她吃到可乐鸡，于是想到这个做法可以改良，以香浓的调味去除雪味和增加口感。于是阿玲鸡翅便创作出来了。

冷冻鸡翅放入适量的姜、葱、生抽、糖和花雕酒，腌制半小时左右。腌过的鸡翅放入小煲内煮，鸡翅上面可以再加葱段以增香味，但关键是不必加水。阿玲说冷冻鸡翅煮时会出水，太多水分鸡翅煮出来便没有味道；等鸡翅开始煮开了，香甜的花雕酒混着姜葱的香味充满整个厨房。阿玲给我打开煲盖看，鸡翅果然会出水，而这些水又刚好令到鸡翅不会烧焦；等水收干，阿玲鸡翅就差不多熟透了。以前一位厨师给我示范姜葱鱼头的做法，以砂锅为器皿，姜葱在下，鱼头放上，撒一道烧酒以慢火煮。关键也是不加水，厨师说："我们把酒浇在锅盖边，锅盖热力迫出酒味"，传菜员捧着砂锅走出厨房，酒味带着姜葱鱼头的香味飘满整个大厅，一个砂锅鱼头加一点小技巧，可以帮忙做实时广告，客人在香味吸引之下纷纷下单。阿玲鸡翅，正是发挥了那无水干烧的精髓。俗语说："巧妇难为无米炊"，有鸡翅，哪怕它是冷冻的！

棒棒鸡

1 先烧水

2 把姜片，长葱及整只鸡放入
开水煮12分钟。

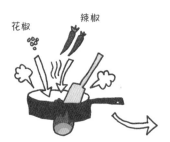

花椒　　辣椒

3 另一边把花椒
及辣椒炒香至干身

然后捣碎

再用热油
把材料调和

4 一小份的白切鸡，伴上炒香
的粗花生粒及两片香菜的
麻辣香酱，再加一碗高高的
白饭，才算得上美满的
棒棒鸡套餐！

花生粒　　香菜

阿珍鸡翅

1　先把冷冻鸡翅用姜、
葱、生抽、糖和花雕
酒腌半小时。

2　然后放入小煲内煮，
放入葱段更香。

3　盖上煲盖，
途中不用加水，
因为鸡翅会自
动出水。

4　当鸡翅烧至收水后，
充满花雕酒香和
姜葱味的鸡翅朋友
们便会为你唱歌跳
舞了。

伴碟

卤水缸内的乳酸菌

　　阿玲说四川凉菜不是卤水泡菜。凉菜也是用不同的新鲜蔬菜作材料的，再用生抽、糖和醋作为调料，把蔬菜放在调味料里腌一天左右就可以了，当中没有动用微生物发酵。阿玲说生抽、糖、醋的黄金比例是三比二比一，让我回家试试。

　　四川卤水泡菜的制作过程，其实需要微生物的协作。而当中最大功劳的要算乳酸菌。阿玲说泡菜坛要用水密封，不能加生水，要放在阴凉和气温稳定的地方，调第一次卤水，是先把水烧开了，再放凉使用。这些必然的程序都是为了保证乳酸菌在泡菜坛内成为"执政党"。乳酸菌是厌氧菌，所以泡菜坛要密封，它又不耐高温，摄氏100℃烫一会儿就"死"得七七八八，所以开水要放凉才可以用，泡菜坛要放在阴凉之处，避开日光。泡菜卤水加盐，是因为乳酸菌可以在高浓度的盐水里存活，而大部分的微生物则会死亡。其实各省各地的腌酸菜过程大抵相同，有些不加水腌酸菜方法，是一层蔬菜一层盐，尽量要蔬菜排得紧密，排好后要放重物在上面挤压多余的空间，减少空气流通，使乳酸菌在厌氧状态下很快壮大起来。

　　当四川人给乳酸菌一个"五星级的家"，乳酸菌开始分解调料及蔬菜的碳水化合物、蛋白质等。乳酸菌的新陈代谢会使蔬菜变得有酸味，而又咸又酸的环境，更加使其他少数派微生物不能"夺权"，除非我们人为地破坏了乳酸菌的生长环境，例如加入生水，改变了酸碱度，又或者放入太多氧气等等。因为它不断分解蔬菜的不同成分，所以卤水坛内所含的乳酸菌代谢物及蔬菜的不同成分也会愈来愈多，所以陈年卤水也愈来愈有风味。当我们吃一碟卤水泡菜或经乳酸菌发酵而成的产品，就吃下了身体容易吸收的养分，以及大量的乳酸菌。

乳酸菌虽然能在强酸环境下存活，但面对我们的胃液，大部分乳酸菌也会死亡。由进食而带入体内的微生物，绝大部分都在胃里酸死了。小量的乳酸菌则会进入小肠及大肠。到了大肠，环境又开始适合乳酸菌生长，所以吃酸泡菜及乳酸菌食物，能够保证有足够的乳酸菌在我们的体内，帮助我们吸收养分及刺激大肠蠕动。因此，乳酸菌有一个功能，就是协助改善便秘的情况。多问一句："你今天吃了泡菜没有？"

住在深圳的婷姐来自四川，
自小生活在很能吃辣的地区，但自己
却不是很喜欢吃辣。间或游走香港，
也将四川美食与人分享，尽管离开四川后
不是吃得很辣，但看见自己的成品被
放到别人的嘴里，也希望别人能够认同
四川风味：香、辣、有气势！

婷姐

炒辣椒时受不了的人

四川的阿婷怕辣

　　我记得，第一次做本书的访问，受访者就是一位四川妈妈。她为了配合香港的生活节奏，在厨房创作了自己的港川融合菜式，滋养着她的小孩子。

　　这次的示范嘉宾不是香港居民。阿婷在深圳居住，是个四川人，我问她喜欢城市还是乡下，她说喜欢城市，乡下有乡下的好，空气好；然而很明显，乡下的空气留不住阿婷。阿婷有时会到香港走走，她的男朋友是香港人。她说很喜欢煮食，我看她的男朋友协助她示范，首先就想到他们应该有不少煮饭的乐趣，当中有很多默契。男朋友试吃辣子鸡，小声说话……我与他们有一段距离，旁边又有人数众多的"试吃兵团"在嘻哈，我用读唇术解读，原文应是："好像没有上次你在……煮的好吃。"阿婷不忿地说。原句应是："这个炉不好……"。我同意，这个炉真的不好。之前也有很多示范者投诉过电磁炉的问题。

　　阿婷为我们示范四川的地道小菜：一个辣子鸡丁和一个麻婆豆腐。我一听菜名，已经"流口水"。辣子鸡丁的特色应在辣与麻。阿婷介绍，炒鸡丁的配料：红辣椒干与花椒的比例是四比一，同时，红辣椒的分量是盖过了所有鸡丁的，即是辣椒多过鸡丁！"问你怕吗？"我自己一向喜欢吃辣，后来嫌街上买的指天辣不够味，自己种辣椒、做辣油，曾经送给一个居住在香港的四川街坊。她说："哎呀，怎样你种的辣椒，比我四川的更辣？辣死人！"我想起多次访问从四川移居香港的朋友，他们都说，移居香港吃不得辣。因为四川气候是不得不吃，吃了舒服，不觉得辣。在香港吃辣，会上火，气候不同

了。或者，我的辣椒辣，也是因为四川人在香港反而吃不得辣，而我是在香港长大，在这种环境里慢慢吃起辣椒，所以反而比他们更能接受吧！

麻婆豆腐的味道调得刚好，阿婷见我吃得不多，似乎不放心呢！川菜很讲究锅气，麻婆豆腐这个菜要油多，最好是红油、花椒、辣椒、独子蒜炒得翻天覆地，加上嫩滑的豆腐，麻婆豆腐名似妇孺皆宜之菜，但实质刚猛非常！这个电磁炉，炒不出好的麻婆豆腐，辜负了阿婷的手艺。

我问阿婷喜欢广东菜吗？她说很喜欢，广东菜好吃，例如海鲜。阿婷一面接受访问，一面把材料加工。我一面访问，一面发现四川菜的真貌。辣椒、花椒当然与广东菜不同，然而我一面看、一面不禁问："究竟你们是吃配料，还是吃主材料呢？"像是辣子鸡丁，红辣椒的分量远远超过了鸡丁的分量，放眼看去，一碟辣子鸡丁只看到一片红！广东菜的配料，用得上辣椒的话，只不过是一只多不到两只的指天椒吧！除了辣椒，这道辣子鸡丁的配料还有：切圆粒的青椒、切成小块的独子蒜、姜片以滚花刀切成小粒，还有葱段、花椒、撒上面的芝麻……就算这道菜没有了鸡丁，相信也可以炒了配料用来送白饭。当阿婷开始炒这个菜的时候……所有围观的人咳声四起："咳咳咳！"最后，连四川人阿婷都咳起来了，她不得不放下锅铲，换换气！

阿婷说："四川的辣是香辣，江西的辣带有甜，但湖南的才真正辣，我受不了。"我同意，唯一一次吃辣吃到胃痛，就是在湖南，吃的是豆腐尖椒。

辣子鸡丁

1 蒜去皮
切块

2 姜切不规则
小块

3 指天椒干斜
切（大量）

4 葱切段

5 京葱切条

6 用花雕酒、
盐及生粉腌
制鸡丁。

7 多放油，
80℃烧。

8 把鸡丁
炸至金黄

鸡丁取出

油取出

9 又把姜块、
京葱块用油爆香。

10 然后把四份指天椒干，
一份花椒及未炒的京葱条
用大火炒出辣味来。

11 再放鸡肉及已爆的
京葱及姜一起炒

12 再放入鸡粉、
芝麻、糖和盐
并继续炒

13 指天椒像一座山的
辣子鸡丁便在大家
的眼泪中完成了！

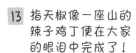

麻婆豆腐

1 尖椒切粒

2 蒜去皮切粒

3 指天椒切粒

4 姜切粒

5 山椒切粒

6 指天椒斜切

7 葱切粒

8 豆腐洗好后切细粒

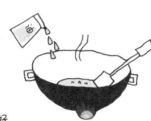
9 待油滚

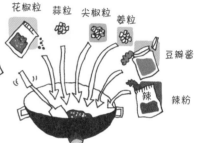
10 然后用花椒、蒜、尖椒、姜、豆瓣酱和辣粉爆锅

11 再放下豆腐炒，并用鸡粉和盐调味。

12 最后放上葱粒炒一下

13 麻婆豆腐完成了！

电磁炉

我不喜欢电磁炉，但不否认，在今天的社会，它有很好的卖点。

电磁炉安全、无火无烟，是现代社会的写照：又要吃，又怕死，又包装得很文明。其实在外国，传统的欧洲面包是用泥与石头堆出来的烤箱烤熟的；烧柴火，烤出来的面包很香，有柴火独特的气味，就算现在商业生产模式的面包店，有些还是要把砖头放在电烤箱里，增加面包的香味。读者有烤面包的习惯，也不妨试试这个方法。发热线虽然都是释出热力，但是食物没有经过明火洗礼，好像总是欠了一点东西，说不出一个所以然。广东人煲粥，一句："明火白粥"，尽显火的重要性。

上世纪初，一位日本人生了一场大病，后来医好了自己，发展了一套饮食哲学和方法，还在美国及欧洲开枝散叶，之后又出口转内销，在日本也遍地开花，这个饮食疗病和养生的方法，命名为 macrobiotics。哲学的基础也是阴阳五行。它指出煮食的火很重要，若要身体好，煮食最好用柴火，其次是石油气、煤气、天然气，这些都是天然物料所释放出的能量，对身体有益；然而电炉、微波炉虽然也会煮熟食物，但是这些用具所释放出的能量，却会对身体产生负面影响。我自己有一个很明显的经验，就是用电热水器烧开的水，很难喝，而且喝后情绪就不能集中，明显低落了。

说到煮食用的电磁炉，除了未有所谓科学根据的问题外，它最麻烦之处就是升温慢，把食材放入锅里，食材一下吸收了热力，锅内的温度实时下降，所以用不惯电磁炉的人，煮食往往不能得心应手；而且，像是做炸物，放多了，油温就下降，不易回升，炸物容易入油；然而生产商用铺天盖地的广告攻势，使明火煮食这种理所当然的文化很快就被宣传为一种不合时宜的煮食方式。

人是愈来愈容易生病了，正如大陆小说家莫言说："这是'种的退化。'""种"会退化吗？我不知道，但我肯定，人并没有比以前更聪明，我们只是比以前掌握更多的数据而已。我们不聪明的地方在于：生产知识出来了，却往往用来破坏自己的身体、心灵和大地。电磁炉不是更环保吗？对不起，今天在消费主义的世界里，真的还要相信使用某工具就会环保吗？算了，我这句话，简直就是自相矛盾！我们根本不是那么聪明，并未聪明到足以分辨是非黑白，最差的情况是 —— 我们以为自己可以分辨！

京津菜、
沪菜、鲁菜

英姐自言很幸运能到医院上班，
认识到需要她照顾的病人，
这令她明白世事无常，应该珍惜眼前的一切，
英姐煮的杭州风味的食物更令她能扩展
社交网络，联系友谊。

Laura 姐　　阿英　　大伟哥

杭州美食香港情

　　我们一行四人到阿英家访问。阿英家里有客人，各自介绍寒暄后，阿英便到厨房准备。Laura 是阿英的朋友，在医院里认识的，今天协助阿英做示范，不时给阿英提示；另一位 David，也是在医院里认识的，大家经常一起到社区中心上课充电。

　　他们的友情在医院发生。Laura 的小孩子曾经被烫伤，入住医院，阿英在医院专门替病人洗伤口。David 也是因家居意外，被烫油灼伤入院，也是阿英帮忙洗伤口的。他们两位不停地说，阿英心地好，多得她的照顾，在痛苦的时刻得到细心的关怀。替病人洗伤口的人很多，但是阿英就是不同。David 说：阿英替我洗伤口，痛死人了，但她让你知道，这不是故意的，她尽力做好一件不能讨人欢心的事。"

　　大家康复出院后，都与阿英保持联络，由病友成为了朋友，不时一起分享烹饪经验和美食。在家乡从不下厨的阿英，落籍香港之后才学烹饪，学会了煮食，再把记忆中的杭州菜，变成自己的港式杭州。好像翡翠黄金虾，是杭州小菜，但阿英用上咖喱酱做调味，变成一个新的味道，然而炒虾的手艺，却还是杭州的好。炒得刚好，不老刚熟，虾的鲜甜才可以保留，下面会说到这个技巧。另外一个香港人颇为熟识的杭州菜是松子桂花鱼，手续多一点，但也不算太难，主要是糖醋的调味，但松子香口，不是随便买到，要花点时间找。

　　杭州菜很讲究鲜味，炒虾，虽然有很多配料调味，但成品的精神在于虾

的鲜甜。炒虾不能过火，炒过火的虾肉老而实，吃的是调味而不是鲜虾与调味品的化学作用。

炒制这道黄金虾，首先得以白锅将鲜虾炒干，略收水。这时虾壳刚好稍微变色，虾肉未熟；然后直接在炒锅内加入生油，又快炒数下，虾壳色泽更深。这时放入盐、辣椒油、咖喱酱、姜蓉及蒜蓉。一面炒着，所有的香味都出来了。重要的时刻也在此处，虾要炒到刚好熟，不能过老，炒香了，虾就九成熟了，可以准备上碟；再炒，虾便炒过头。

松子桂花鱼卖相好，但是却不是很难做的大菜；先要把桂花鱼抹干水，鱼身划上十字，加上盐、胡椒粉、豉油作腌料，腌制15分钟，再用玉米粉开一个粉浆，抹上鱼身，放入烫油里炸，直到鱼身金黄。

松子鱼的美味，在于甜酸适度的酱汁。酱汁用白糖、醋、茄汁加水煮成，淋上已炸好的桂鱼身上便完成。而松子则是炸鱼前先略为炸香，放入酱汁里便可以。

好了！三个小菜并排放在桌上。那一刻，我记起了我的小孩子，他从我手上接过雪糕车叔叔的雪糕那一刻默不作声的表情，似笑非笑，非常专注。

翡翠黄金虾

1 先把虾洗净，并剪去虾须及尾。

2 白锅猛火煎虾，抽走水分。

3 加上盐、油、辣椒和咖喱煎虾，九成熟就可以了。

蒜蓉　姜蓉　香菜

4 加入蒜蓉、姜蓉和香菜炒，如要吃更辣可加入更多辣酱。

5 很快便完成又香又辣的翡翠黄金虾了

松子桂花鱼

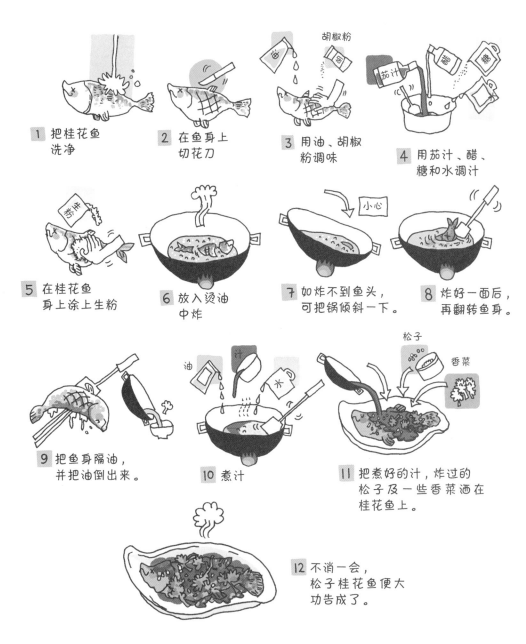

1 把桂花鱼洗净

2 在鱼身上切花刀

胡椒粉
3 用油、胡椒粉调味

茄汁
4 用茄汁、醋、糖和水调汁

5 在桂花鱼身上涂上生粉

6 放入烫油中炸

小心
7 如炸不到鱼头，可把锅倾斜一下。

8 炸好一面后，再翻转鱼身。

9 把鱼身隔油，并把油倒出来。

油　汁　水
10 煮汁

松子　香菜
11 把煮好的汁，炸过的松子及一些香菜洒在桂花鱼上。

12 不消一会，松子桂花鱼便大功告成了。

伴碟

敬业乐业

　　喜欢做这份工作，并不等于这份工作不让人疲倦。阿英回忆说："'SARS'的时候，被调到隔离病房，整个社会气氛都很沉重，我在这个岗位，心情也不好，压力好大；入病房工作要穿两层保护衣，所以连水也不敢喝，怕要上厕所。这段时间累得很，我放工回家，也怕传染给家人。但却没有提出过调迁。工作！总要有人做的。"

　　"SARS"之后，特别病房被撤去，阿英被调去照顾烧伤皮肤的病人。院方安排课程，教授一切需要的知识，然而怎样去操作，就要看个人的修为了。今天，阿英已经开始负责教授新同事各种工作上的知识，包括怎样替病人洗伤口。

　　阿英回忆说："最初连自己也不习惯。病人可以不看着伤口，但你总得要看着它，烧伤烫伤是很痛的，红肿流脓；替病人洗伤口，把死皮擦去，病人会痛得受不了，大叫、大喊，很难着手，是很难做的工作。我慢慢习惯后，难做的都要做，耐心解释，让病人好过一点。我们是经常被病人骂的！他们不了解，心情也不好，但我们不能够回骂，照样默默服务。"

　　阿英老实说："有些病人很麻烦，特别是领'综援'[1] 的，是自卑的心理或是什么理由我不知道，但很多领综援的人会觉得别人看不起他们，遇有不如意的事，就会先说你是不是因为我拿'综援'便看轻我？遇到这些事，我只好任由他们说。"

　　David 说最初烫伤入医院，第一个帮他洗伤口的护士助理态度很差。

Laura 说："是不是那个啊？"阿英说："可能是那个吧？"David 说："不记得了。"我说："我也是在医院里工作的，你别乱来啊！"David 强调说："不是每个人都像阿英般好。"他在港岛区的医院做了很多年义工，所以很明白病人、阿英等的处境，加上自己成为了病人，我想他一定体会深切，明白阿英有着一颗善良的心。

阿英工作的医院分三更，要轮更，但不一定是做早班或者中班，可以天天不同，但十多年来，生理时钟要随着更表频繁地变更；好像这天放假，阿英替我们示范杭州菜，但是她刚上完一个夜更，有时昨晚上班，第二天可以上早更，那就等于连继接两更的工作。阿英说："我习惯了，因为喜欢这份工作，无所谓了。"David 在旁插一句："她很厉害，十多年来，养大子女，还买了这个房子！很棒！"

1. 综合社会保障援助，目的是以入息补助方法，为那些在经济上无法自给的人士提供安全网，使他们的入息达到一定水平。

东坡滚蛋

　　"东坡滚蛋"，多有趣的一个名字！贞姐也是个有趣的人，她本来不肯以真实姓名示人，她说："你就叫我做上海婆好了！"我认识她才一分钟，很难说得出口。上海婆做事利落，一个人可以做三四十人的饭菜。这天她帮中心的职员做午饭，一个个地道的上海菜流水般搬出来，大家在小偏厅吃得不亦乐乎，那时候上海婆才有时间与我坐在厨房分享她的上海生活和香港印象。

　　这次上海婆介绍的菜是东坡滚蛋。我几乎笑了出来！这个菜很厉害呢，有胆色叫苏东坡滚蛋。细看之下，那应是东坡肉加上鸡蛋煮成的菜式。东坡肉名气够大，应该很难弄吧？还要加上鸡蛋！

　　上海婆面无难色，一切都轻描淡写。猪肉沥干水，放入滚油内过油，然后立刻放在冰水里浸，复再从水里取出，又沥干水，又放回滚油里炸，让肉身结实。炸完了猪肉，滚油再炸鸡蛋。鸡蛋白水煮熟了去壳，再炸成金黄色，取出，用叉刺出密密的小洞，好让味汁能够渗入鸡蛋内。

　　另外，还有将豆腐皮切成小长条，再将长条形的豆腐皮分别打成一个个小结。打小结纯粹为了美观吗？打了结的豆腐皮，可以吸收和承载更多味汁。鸡蛋不能打结，惟有刺洞。

　　三样材料都准备好，可以调味汁。材料有生抽、老抽、冰、姜蓉、蚝油、鸡汤和红曲粉。红曲粉是一种食用酵母菌，广东的腐乳就是以豆腐加入红曲酵母菌酿出来的调味料。它也是最常用的一种天然红色食物染色素。当红曲粉加入东坡肉之中后，你会发现它把猪肉镀上一层淡薄但深沉的红色，让加

了老抽的猪肉变得有光泽。

味汁调好，猪肉、鸡蛋回锅，加入味汁，先炆半个小时，豆腐皮不能久煮，等猪肉和鸡蛋分别酥软和入味，才加入豆腐皮。炆好的东坡滚蛋，有典型的上海菜风貌，味浓色重又香甜。

既然是示范上海菜，醉鸡是不能免的。上海婆说上海人吃醉鸡有两种方法：一是趁热吃，她自己多取此途；另一种是放凉了吃。放凉了吃，鸡皮会变得香脆，别有风味。正宗的上海醉鸡，不单是用花雕油来调味，它更需要糟卤和虾油。糟卤是浙江的特产，这一种调味料，广东人不认识。先把鸡或鸡翅煮熟，沥干水；花雕酒倒在汤碗，加入姜蓉、糟卤和虾油。虾油加入少量即可；花雕油及糟卤用量则多，是主要调味料。有些福建人称鱼露为虾油，上海菜里的虾油是另一种以小虾腌制取汁而成的调味料，盛行于渤海湾一带，例如天津。糟卤在短时间竟找不出身份，上海婆说只知用途却不识酿造之法。鸡翅放入花雕汁内即可食用，而且可以多次重用，直到花雕汁味淡了，才需要重新再做。上海婆忆述当年哥哥工作地点离家很远，家里给哥哥带点食物，便卤一大盘醉鸡翅，足够他吃一星期。我说糟卤和虾油不好找，上海婆说港岛的北角有不少上海人居住，在北角可以买到很多上海土特产。唔……原来北角除了有福建帮，本帮人也不少呢。

东坡滚蛋

腩肉

1 先把猪腩肉过过水

2 然后过油

3 随即浸入冰水，再重复步骤1和2，便可令腩肉更爽口好吃。

4 烧开水煮蛋

5 再把已去壳的蛋下油锅炸

6 炸好后便在炸蛋上穿小洞

百页片　卷起　打结

7 把百页卷好并打结备用

冰糖　姜蓉　红曲粉　生抽　老抽　蚝油　鸡汤

8 把生抽、老抽、蚝油、鸡汤、冰糖、姜蓉及红曲粉调成东坡汁。

百页

9 把腩肉及炸蛋放入东坡汁炆30分钟，再放入百页炆。

10 东坡滚蛋分量十足，用东坡汁捞饭更是一流！

醉酒鸡翅

1 把鸡翅出水两次

2 隔水

糟卤两支

3 然后以两支糟卤、
花雕酒两匙及少量
虾油调成汁料。

★ 不用开火

4 再把熟鸡翅放进汁里，
腌上一段时间，鸡翅便
充满酒味了。

5 醉鸡翅可以热吃又可以
凉吃，十分易做，
放入冰箱又可随时吃。

上海冷盘

　　凉拌可以说是一种制作方法，上海凉拌的制作简单，调味料单是盐和香油，即麻油已经足够。小小的咸香加上食材本身的鲜味，就是凉拌的真谛。上海婆示范的凉拌是黄瓜和萝卜切丝，再把盐和麻油拌均匀便可以。上海婆说，可以在这个基础上加入海蜇头，坊间的凉拌也多加上海蜇头以增加口感。今天在坊间的凉拌，除了盐和麻油之外，可能加入鱼露，或有更甚者，凉拌都撒了味精。一切食物，美味是美味，但都是一个味。

　　话梅豆干可能是专门为我这种人而设的。豆制品虽说健康，但食味始终像开水一样。豆干跟话梅，本身难以拉上关系，但是豆干，又真的因为意想不到的话梅而让你惊喜。话梅豆干的制作方法是先将红曲粉用开水化开，豆干或烤麸放在锅里炒香，加入红曲粉水继续炒，保持豆干的干和香，这时可以把预先剪得细碎的话梅放入，再加入少许砂糖，快炒一两下，所有材料都均匀了，豆干有话梅味，炎夏闷热，胃口不佳，没有米饭不重要，有一碟话梅豆干便开怀了。

　　上海婆提醒我，上海人以前只在过年吃熏鱼，因为要用油炸。今天熏鱼已经变成冷盘凉菜，它也是我很喜欢的上海小吃。上海婆还替我们示范了两个凉菜，分别是凉拌海蜇头和话梅豆干。有一次，我在朋友开的上海菜馆吃熏鱼，厨房告诉我，熏鱼刚做好，还不入味，昨天做好的已经卖完了，所以请我点另外的菜。地道的上海婆却告诉我另外一个故事，以前我也听过其他上海朋友说，上海菜好简单，没有广东菜般复杂和花时间。上海文化是讲究

快和效率的，熏鱼做好了，可以立刻吃，不必等明天。

我想学熏鱼很长时间了！今天得偿所愿；然而不要见笑，我已经不再吃鱼了！但熏鱼还是要学，学一个原理，或者可以熏豆腐嘛。上海婆说：熏鱼要用油炸，开锅用油，不是随便的事，以前我们惜物，过年才会开心地豪气一下；而且过年油炸的食物多，可以用同一锅滚油。熏鱼的鱼，一般人用鲩鱼，即草鱼，穷困人家用大鱼，即我们说的大头，或叫鳙鱼。广东人吃的蒜蓉豆豉蒸鱼头，用的是大鱼头。大鱼的鱼肉粗糙，又重泥腥味，广东人都不大吃，唯独鱼头巨大，得到大家青睐。熏鱼用油炸，加上浓重的配料，鱼肉本色难以辨认，故此用大鱼亦无不可。这一次上海婆浸熏鱼的调味汁没有用上八角、桂皮，因为不够时间把这两种材料煲出香味，所以干脆不用。熏鱼的基本调味材料是五香粉、豉油和大量的糖。将三种调味料加水调成一个汁，追求至味的话，应先以八角和桂皮煮水，才调入其他三种调味料。

将鲩鱼连骨切成一块块的鱼排状，沥干水之后可以直接放在滚油里炸，炸得鱼色泽金黄但不焦糊为宜，炸好的鱼块可以立刻放在熏鱼汁内浸。让炸松的鱼排吸收香甜的味汁。吸收一会儿后把鱼排取出上碟，不必久浸。上海婆说有些广东师傅会在味汁里加入生粉，再把浸了生粉熏鱼汁的鱼连水带鱼回锅再收干水。这个做法是利用生粉吸收更多的味汁，把味汁牢牢地附在鱼排上，然而上海人不流行这样做。上海的熏鱼，味浓而清爽，鱼就是鱼，不会变成包了脆浆的甜酸鱼块。

话梅豆腐干

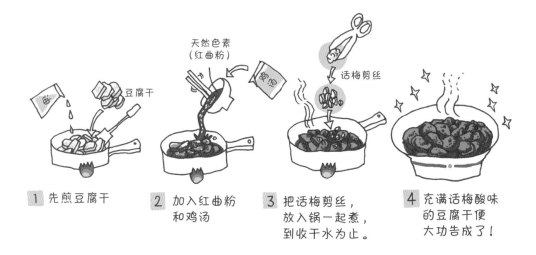

1 先煎豆腐干

2 加入红曲粉
和鸡汤

3 把话梅剪丝，
放入锅一起煮，
到收干水为止。

4 充满话梅酸味
的豆腐干便
大功告成了！

上海凉拌

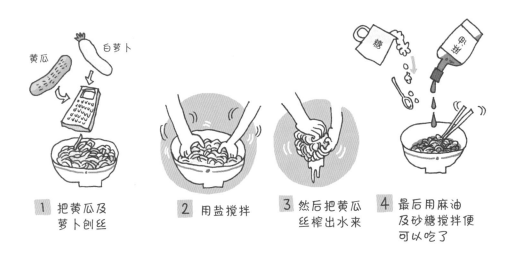

1 把黄瓜及
萝卜刨丝

2 用盐搅拌

3 然后把黄瓜
丝榨出水来

4 最后用麻油
及砂糖搅拌便
可以吃了

上海熏鱼

五香粉　大量

1 把五香粉、鸡汤和大量
糖搅拌成鱼汁。

糖

2 把汁煲滚，
一边试味一边
加糖。

3 另一边油炸鱼，
鱼可放在冰箱先
抽水，油炸时便
不怕油乱溅了。

4 把炸好的鱼放
在酱油中浸透

5 又香脆又
酸甜的上
海熏鱼便
完成了，
伴酒最好！

五香味

伴碟

龙游浅水
叹无奈

　　上海婆做事很认真，一面安排食材，一面诉说厨房不方便，对于助手的马虎态度又有微言。所谓助手，其实是朋友。工作都有称心、不称心的。

　　上海婆说在香港并不开心，儿子在读书，她平日也很低调，也不太热衷于社区中心的活动。跟我在中心认识的妇女有截然不同的处事态度。她说不大交朋友，我感到她是一个怀才不遇的人，忘不掉以前的风光吧。

　　上海婆在大上海不算是露头面的人，但她的性格和生活让她在上海活得很精彩。她以当下的不满，铺排下面的叙述：

　　"我家在上海，是大家族。上海有一间东正教堂，人人皆知，我就住在旁边，即孔祥熙以前住过的房子，对面有杜月笙的房子。以前家里请客，从来是吃不完的，不够吃很寒酸嘛。我跟妈妈学煮菜，所以家常菜、本帮大菜我都会，一做就十几人的分量都没有问题。上海有三大娱乐场所，放映画戏，我家里都有股份。年轻时我好玩，开摩托车帮忙走片（走片是指专人把一套电影的菲林，从一间戏院送到另一间戏院播放）。

　　我性格硬朗。长大了，我就离开家庭走自己的路，也不要家里分什么给我；交朋友，钱财来往，做生意，都是不防人的。以前做生意是一个'信'字，我发货给朋友去卖，也不先收货款，生意做了才收。记得有一次，有一个朋友借了钱没还，自己有点急用，想问朋友拿回来。朋友说已托了另一个人还给我，我去问另一个朋友，到朋友的家，朋友托辞没有这件事。我二话不说，因为钱不算多，就用同样的钱买了金银纸钱在那个朋友门前烧。那又

怎样，不还吗？当烧了给你一家。"

上海婆说以前做生意，也赚过不少，但大都随风而去了。大上大落的人很多，钱可以没，记忆却挥不走。她现在香港，也不是没有想过再回去生活，做点事；但儿子还小，以后再说了。我问她："在香港可以住下去吗？"上海婆想了一下，平静地说："不能说改变就改变。"我想这也对，自己可以动身，但儿子还未自立。上海婆说："'文革'的时候，家里什么都没有了，我也跟大家一样去插队，到处跑。"我问："'文革'时你在家里做什么？上海婆说："我妈好赌，赌得又精，'文革'时我们在家里，什么都没有留下来，单是有一副麻将没有丢失。妈妈就教我赌，摸牌、造牌、出术，所以我精于此道。"我笑了出来："戴厚英的书我看过，阿城的书我看过，上海婆也应该写一本书啊！'文革'的麻将老千……"

上海婆说："也想过写回忆录。上海的事情很多……譬如说，我觉得香港人没有文化，我曾经被人骂过'死八婆'。这些人真没文化，这些人有资格骂我吗？上海人互相认识时一定会问你住哪，其实是互问出身。上海人对身份看得很重，你住哪一区说明你是富贵还是贫贱。出身上流区的人对贫贱区的人就热情不起来，很现实的。"我问："现在大家都到处搬了，这种以区认人的习惯仍在吗？"上海婆说："仍在，问你原先住的地方。这是上海人的文化习惯，以确定跟你的相处距离。"

结婚后我从一个不太懂煮饭菜的
女孩变成厨娘。接触"天厨"后，我像
融入一个集合祖国各种味道的大餐厅，
让我认识了一群用心为家煮食的好朋友。
我们耐心琢磨，加入细密的心思，
使满腔的爱意迅速升华，煮出一桌充满爱心的
佳肴，它有色有香、有味有情……带给我们
成就感、幸福家、快乐心！

助手英姐

Ruby 姐

仿制蟹肉与蟹羔的赛螃蟹

　　唐岚示范两个上海家常菜，一个是赛螃蟹，另一个是油爆虾，前后用了20分钟左右，而且一点酱油也没有用过。唐岚说不知道香港的上海菜馆怎样做赛螃蟹，我说他们的蛋白炒出来是雪白的，有些会在上面加一只生鸡蛋，好像快餐店的免治牛肉饭一样。唐岚说："也许他们的卖相会比我的好。"不过，我试了一点唐岚的赛螃蟹，才明白赛螃蟹之所以称为赛螃蟹是因为：这道上海炒蛋的口感和味道与螃蟹相仿；第二，它比真的螃蟹还要好吃。我们的插画家与摄影记者则"专攻"油爆虾，不停地吃了30分钟。你可想而知，唐岚的油爆虾真是"味"力没法挡。

　　先说赛螃蟹。赛螃蟹的材料是鸡蛋，一个家庭5或6只蛋就足够了。蛋打开，用碗盛载，然后用筷子把每一个蛋黄夹一下，好让蛋黄破裂，但是否分成两半并不是重点。为何要这样做？我把赛螃蟹送到嘴里才明白过来，待会再说，但要切记，要像唐岚一样做出口感如螃蟹肉但又胜过螃蟹的赛螃蟹，千万别把鸡蛋打浆，我们不是蒸水蛋，将鸡蛋黄夹破就好了。

　　赛螃蟹要特别的调味，调味的方法是用镇江醋加糖及姜米的。镇江醋酸中带少许甜味，唐岚说用白醋也可以，但以镇江醋最为对口味。姜米不是姜蓉，而是靠刀工，把姜片慢慢剁成很细碎的颗粒，要费功夫的；姜蓉则相对简单，是磨出来的。再把醋、糖和姜米调成一个甜、醋合度的醋汁备用。

　　鸡蛋落油锅，用锅铲把鸡蛋快炒几下，然后可以把醋汁倒入鸡蛋内。这时候，鸡蛋白遇上酸醋，蛋白凝结，又因为锅铲在打转搞动，所以蛋白不会

凝结成一大团，有些是长形，有些则散漫，上碟时又真有几分似螃蟹肉；而那些破而未散的蛋黄，则在热力和醋汁的影响下，有些与蛋白结合，有些则自成小团。我们吃螃蟹，喜欢它的脂肪，这就是为什么我们在处理鸡蛋时，只把蛋黄夹破而不是与蛋白调匀的原因。打了蛋浆，蛋白不能仿制成螃蟹肉，蛋黄不能变成螃蟹的脂肪。如果把鸡蛋白和蛋黄调匀，炒出来的就是炒蛋多士的嫩蛋；而炒蛋多士的嫩蛋加入酸醋与姜米又会是怎样的风景呢？

　　加入了醋汁的炒蛋有水分，把水分略为收干就可以上碟。镇江醋是黑色的醋，所以炒出来的赛螃蟹不是白色，卖相与上海菜馆的赛螃蟹有分别；不过一般上海赛馆的赛螃蟹应改名炒蛋白捞甜醋，它与螃蟹无关。

　　油爆虾做法也很简单，虾要新鲜。唐岚说用大头虾最好，但现在街市买不到，所以买了还在游水的基围虾。

　　基围虾剪去足、须，清洗干净便可以放入油锅。油爆虾要多一点油。所需的配料是姜、葱。调味料则要准备绍兴花雕、盐和糖。鲜虾放入锅内大火炒爆，姜和葱可以同时放入，虾身开始转红色，便可以加入花雕酒；然后炒一会儿，又加入盐和糖。这时候虾会出水，也就是差不多可以上碟的时候了。如果用大头虾，它的脂肪比较多，出水量更少，味道会更香。虾出水再炒一会儿，水分收干一点，虾肉也熟了，可以上碟。厨房充满了花雕酒的香味。一点盐，可以提升鲜味，而花雕酒则可以带出虾肉的甜味。虽然没有酱油，但是油爆虾的简单配搭，却可以令你细品虾肉的本色。

赛螃蟹

1 打5只鸡蛋
（5人用）

2 用筷子把蛋黄
夹成一半

（切得很小的姜粒）
姜米

镇江米醋

糖

3 用镇江米醋、姜米和糖
调味。如果用一些浅色的醋，
煮出来的颜色会更好看。

4 先把油烧好

5 然后便把蛋黄
及蛋清下锅搅拌

自家
制甜
酸酱

6 一边搅拌一边倒入预制
的甜酸酱，可分几次倒入，
顺便试味。

7 当水收得差不
多时，便可以
熄火和上碟了。

8 上碟后，可以放上
几片香菜，待赛
螃蟹放凉后会
更好吃。

9 赛螃蟹又酸又甜又甘香，
在甜酸味中蛋清碎真的
好像螃蟹肉而蛋黄浆酷
似螃蟹膏！太神奇了！

油爆虾

1 先把虾的触须
和尾巴剪去

葱段　姜片

2 然后用葱段和姜片
把油爆香，油可以
放多一些。

3 当油滚好后，
便可以把虾
下锅。

糖　盐　花雕酒　葱段

4 炒的过程中，下花雕酒、
葱段和少许盐糖调味。

有虾汁渗出

5 当有虾汁渗出
时便可以熄火了

6 因虾新鲜，所以本身
已经十分甜美，
再加上用葱段和姜片
爆香就更好吃了！

伴碟

唐岚的三城记

　　唐岚是上海人，曾经在部队的通讯部服务了4年，后来嫁到香港，现在居住深圳。一家人住在福田区，但明年（2011年）应该会搬到香港居住了。她说："因为小孩子要上学，希望她在香港受教育。天水围不错的，空气好，但我丈夫不喜欢，再看吧。"唐岚说喜欢香港，除了居住的地方狭小之外，香港很好：交通好、医疗好。

　　有个颇有趣的现象，那就是很多本书的受访者未结婚之前都是不需要入厨房的。我想："不煮饭，香港人在外面吃；在家里吃饭又不用煮饭，一定是家里的人帮忙打点吧，那是老妈在烧菜？"从我的访问经验推断，上一代的父母是很宠小孩的，无论你是小男孩还是小女孩。

　　唐岚说，上海与香港有相似的地方，像是二十来岁的年轻人，都在工作、打工、找生活，生活不悠闲。香港也是，人人都在工作；但是深圳不同，你在深圳很容易看到无所事事的年轻人。香港人生活节奏快，做事也快，而且教育水平高，品质比较好，无论是真心还是门面功夫，至少是有礼貌。你看上海菜，其实也是很简单的，因为生活节奏同样快。香港、广东菜很好吃，但好多都花时间，例如煲汤。上海人不煲汤，我们是滚汤的，很快滚好，不过香港的广东菜很好吃，我都不太煮上海菜了，煮广东菜。我学广东菜都是拿食谱照着做的，煮上海菜则要打长途电话问妈妈了。

　　我问她现在上海、深圳和香港经常被人拿来比较，她在三个城市都有经验，她怎样看呢？唐岚说现在不用说，最好是香港，香港也会好下去，但是说到冒出头来的，一定会是上海。她说上海时笑了起来，有点不好意思，好像对我这个香港人有点过分坦白。

北京饺子的核心价值

　　Amy 在煮饺子，我问她吃饺子时，饺子皮的具体要求是什么。她拿着勺子勾了一勺生水到滚汤里，说饺子皮不能破，吃的时候要弹牙、要薄。要达到这些要求，搓粉的过程已决定了结局。煮饺子的过程，或者可以避免破损，但却不是最重要的环节了。

　　要吃饺子，我们可以做汤饺、煎饺或蒸饺，三种饺子皮的制法也不同。汤饺的饺皮可以用室温水搓，煎饺的皮要用20℃到30℃的水；而蒸饺子的皮，则要用摄氏50℃左右的水，即手感到有点热，但又可以接受的程度。水温不同，搓出来的饺子皮便有不同的质地，蒸饺的皮，有点似潮州粉果的皮，有些透明。2009 年春节，我们访问了黄师傅，示范正宗的潮州粉果做法，那个粉皮都是用温水冲出来的。(见《五湖四海家常菜 —— 广东及华南地区》)潮州粉果要上蒸笼蒸，与蒸饺子一样。煮汤饺用水、煎锅贴用油，两者的共同处是汤水和油都使到饺子皮在烹煮的过程中不会黏着在一起。为避免蒸饺子时饺子皮互相黏着，搓面粉时就要用热水来搓了。

　　Amy 示范搓粉团，她说不太难，用高筋粉，顺一个方向把面粉和水搓匀，然后用点力以掌根鱼际的位置一下一下堆压面团。每推一下回折一次，另一只手把面团向同一个方向略转一转，大概就是推、折、转这样的节奏。搓得面团光滑而不黏手，面团充满了弹性，就算是搓好了。搓好的面团可以立刻用来做饺子皮，也可以包好，放在冰箱里保存，放一个星期也可以。Amy 说搓面团什么也不必添加，面粉和水就可以，不必用发粉，也不必

用酵母。

　　把搓好的面团拿在手上，在中心位置稍微用力，但以轻柔为主，十只手指拿着上半部分，向一个方向转，面团中间开始薄弱，终于穿了一个洞，成为了一个面团圈圈。将圈圈扩大，把它分开成两条圆柱体，放回桌上，再搓到细如猪肠粉。一手拿起猪肠粉，一手分成一个一个小而等份的面团；用小棍子把面团压成饺子皮，饺子皮要中间厚，圆周薄；因为包饺子时，薄的圆周会对折，饺子皮便变厚了，为了饺子的表皮不会厚薄不一，压饺子皮时要先处理好"不患寡，而患不均"的问题。

　　我听说煮饺子要在水滚中途再加入生水，等滚汤降温再大滚。Amy 细心地解释这个过程。她说水煮开了，可以放入饺子，饺子大滚起来，但是由于中间是肉馅，不会立刻熟透的，要是包的饺子个头大，那更难熟了。第一次水滚，是熟了饺子皮，添入生水，是要热力可以多一点时间透入肉馅。如果一直以大滚水煮饺子的话，饺子皮可能会穿破。加一点生水，饺子皮会更结实而不会散烂，甚至按照需要，可以添加两次生水。有些人说饺子浮面就是熟了，并不一定，肉心可能未煮透。

　　一切就绪，Amy 又替我们在煮饺子的汤中加入姜丝和葱花。她说吃饺子，流行连汤一起喝下去，煮饺子的汤，没有什么味道，但在物质缺乏的日子，就要爱惜了。

北京饺子

五花肉切碎 **韭菜粒**

1. 先把切碎了的五花肉及韭菜粒搅拌好，这就完成了韭菜猪肉饺子的馅料了。

五花肉切碎 **已出水的白菜粒** **木耳切粒** **红萝卜切粒**

2. 再把五花肉碎加上白菜粒、木耳粒及红萝卜粒，这便是白菜猪肉饺的馅了。

用掌心大力压下

3. 准备饺皮时，先用高筋面粉用凉水开，用手搓至表面有光泽及有弹力，再让它作一点的发酵。

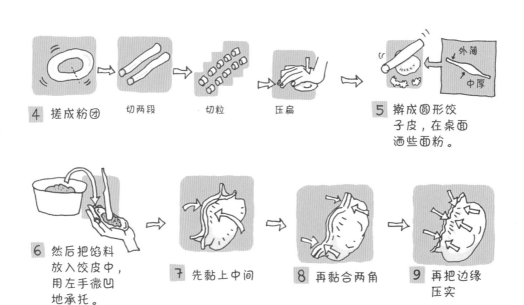

4. 搓成粉团　　切两段　　切粒　　压扁

5. 擀成圆形饺子皮，在桌面洒些面粉。

外薄　中厚

6. 然后把馅料放入饺皮中，用左手微凹地承托。

7. 先黏上中间

8. 再黏合两角

9. 再把边缘压实

10 煮开水，
水开才下
饺子。

11 煲一会儿

凉水

12 不时洒下凉水令水
温降低，可令火势
更猛来煮肉馅。

13 当压下饺子的馅
时有弹力即表示
饺子已经熟了

姜切丝　葱切粒　煮饺水

14 把煮饺子的水
加上姜丝和
葱粒便成为
水饺汤

15 一碟热烘烘的自家制
饺子，配上饺子汤和
一碟镇江醋便是地道
的北京家常菜了。

我最喜
欢韭菜
饺了，
呵呵！

伴碟 | 食物记忆

　　吃饺子时，Amy 回忆说："我是上世纪六十年代的人，父亲在部队，那时中国穷困，又有饥荒，平时不可能有饺子吃，都是过年才吃一次。所以小时候吃饺子是重要时刻。我跟着母亲学包饺子、煮饺子。因为过年，母亲最不想见到的是饺子放到汤里煮，饺子皮破了！在中国人的农历年里出现破饺子是很不吉利的，本来是一家团圆嘛！其实包饺子，馅主要有韭菜饺子，白菜饺子，选白菜饺的人就是不想要韭菜的味道。如果放在同一个锅里煮，韭菜饺子破了，一窝汤都是韭菜味道，吃白菜饺子的人肯定不想的；所以饺子皮要做得好，煮得完整，除了美观外，也有"为他人考虑"的含义在内。

　　Amy 很好客，除了饺子，还替我们示范茄盒。茄盒跟我们的煎酿茄子差不多，只是盒子是茄子厚切，中间再开一刀，成一页书，肉馅夹在茄子书页之内。煎茄盒之前要上粉浆，用鸡蛋和面粉开一个薄粉浆，盒子上了粉浆，再放入油锅里以慢火煎得香透肉熟。

　　Amy 知道我不吃肉之后，觉得任由我坐着看他们吃肉汁丰富的饺子和茄盒有点过意不去，于是她要为我做点面条，用搓饺子皮剩下的面团。我问："这个面团不嫌水分太多吗？"Amy 说："这个可以的。"

　　首先将面团压成圆而薄的一片，再将薄片切成细面条。这期间，我问北京葱油饼的事。Amy 说："不如就做葱油饼吧！你吃吗？"我说可以呀。Amy 在那片压得很薄的面饼上倒上生油，撒上葱花，然后把整片饼卷起来成为一条面肠。面肠切开两半，拿起一条，手各执一端，压好了，再切好，为

了使葱花和油不流出，要封好切口，两端向中间轻柔压入，同时稍微扭转，两手方向不同。于是，面肠变成一个粗壮的圆柱体，像个小型月饼一样。让这个粗壮的圆柱面团稍息一会儿，然后再由上而下压平它，再压，压回原来那片薄面饼。面饼成型，放入油锅里煎，Amy 说煎薄饼要先煎好一面，再反过来煎另一面，不能够翻来覆去，因为愈翻得多，饼愈硬，翻得少，饼会软。

煎葱油饼，令我想起那年在北京，每天天寒地冻的早上，在街上都见到那个老人家在卖煎饼果子，我一连吃了十多天煎饼果子做早餐。北京的同事都笑我，北京好的东西这样多，吃这个破东西干什么！我忠于自己的口味，觉得很好吃。九十年代，北京开始富起来，胡同开始被推倒。千禧年后再去北京，破胡同都不见了，要到特定的位置才可以看到，要是北京人文力量足够的话，或者还可以争取到一角，搞出一个胡同保育区吧！

Amy 说煎饼果子的粉浆，其实主要是鸡蛋，面粉是很少量的，薄薄的一片煎香，包一段油条，加入辣味的面酱，简单明快而口味浓重。我问 Amy 在香港吃饺子多，还是吃白饭多？Amy 说："做饺子还是有工序的，和煮饭不同，煮饭简单得多，所以我都很少做饺子了；不过，我还是不懂得煲广东汤。"

我自小就被妈妈训练出一身做菜
煮饭好武功！芸芸的菜式当中，
我情有独钟的就是甜品，因为我第一次
接触到的甜品，是一位男同学亲手做的
提拉米苏蛋糕。这不只是一块蛋糕，
更是一份对人的关怀、爱心、温暖和心意。
自此以后，我就爱上了做甜品了。

Charmmy 妹

助手 Amy 姐

Charmmy 的 魔法京酱肉丝

　　老少女因工作关系，未能与我们一起在现场见证 Charmmy 的魔法京酱肉丝。Charmmy 是个很从容、很斯文的下厨能手，一步步介绍两个示范菜式的步骤。

　　当我踏入厨房，Charmmy 的妈妈 Amy（为我们示范了北京饺子的那位）给了我三张纸。访问之后，细细一看，Charmmy 是以第一作者自述而写的文章，介绍了这次示范菜式 —— 京酱肉丝的做法，还有当中的心路历程。Amy 对我说："上次在我家做访问，我见你没有做什么记录，就写了一篇文章出来噢。"我说用脑记下了。在回家途中，咀嚼这段对话，以及女儿自述的文章……或者，我写出来的，不是 Amy 最想说的话，所以这次有三张纸提供资料。这些资料才是做母亲的最想说的话。Charmmy 有没有想说的话呢？Charmmy 在示范之后，倒是清楚表示了一些范围，请我不要写出来。这件事令我苦恼了 60 分钟，因为她要求我不要报道的内容，就是我原先构思的报道主题。

　　Charmmy 在香港中文大学专业进修学院二年级就读设计课程。她说忙死了，由时装到珠宝，到平面设计都要学，读完 3 年，才开始挑专门的深造。她说以后想在时装及珠宝方面发展，所以只可以在晚上才到中心示范北京菜。京酱肉丝是很家常的北京菜，吃法一如北京烤鸭，即香港说的片皮鸭；所以，很重要的问题是：包着材料的那块薄薄的面饼是怎样做出来的？

　　京酱肉丝的肉丝用北京的甜面酱、蒜片炒熟，这是替代烤鸭的材料。除

了肉丝，还要配上京葱丝和黄瓜丝。京葱是一条很大的白葱，辛辣而甜，北方人可以拿在口里生吃，跟我们广东的红头葱很不同。三种材料都准备好了，拿一张薄面饼包起来，大口大口地吃，葱香肉味浓，和味淡的面饼吃，真是一绝。吃北京烤鸭如果没有那张小面饼、京酱、大葱，那就差得远了。

Charmmy 在前面示范，妈妈则在后面做面饼，做那张薄薄的皮，材料一如做饺子皮的面粉，不必温水搓粉，室温水就可以了。饺子皮不蘸油，包京酱肉丝的面饼却要加入不少的油。搓好粉面，分成鸡蛋大小的面团，滚圆再压扁，然后在面团上再加上生油，两个面团重叠，一起压扁，再用小棍擀成很薄的一张皮。面皮压好，放在平底锅里加油煎，白色的面皮变得有点透明，即是熟了。熟了后取出面皮，可以看到两个面团压成一片之间的重叠线，这时才把压成一块的面皮重新撕开。慢慢撕，不要撕破。分开了的面皮，就是包京酱肉丝的面饼。独立一张面饼，贴锅煎那一面有油，金黄而香脆。面皮贴面皮那一面，没有油分，干爽而软熟。包肉丝的时候，没有油那一面用来放食物，然后把面饼四面包折，大小形状以方便放入口为佳。

Amy 在后面煎面饼，Charmmy 在前面招呼今晚格外热情的试吃兵团，虽然已是晚上 10 点，但很多年轻人还是赖在中心不离开。Charmmy 拿起一张又一张面饼，包好一个送给试吃的男生，又亲手包一个送出去，我站在后面，跟 Amy 学做面饼，怎样把两个面团重叠压成一个，她不时偷看一下那班热情的男生围着女儿说冷笑话，嘴角始终挂着微笑。

京酱肉丝

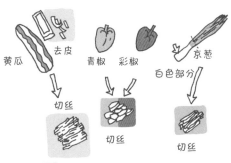

黄瓜　去皮　青椒　彩椒　京葱
白色部分
切丝　切丝　切丝

1 准备黄瓜、青椒、彩椒、和京葱切丝

2 用蒜片爆锅

猪肉丝

3 再放下猪肉丝，以甜面酱炒。

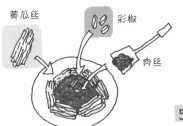

黄瓜丝　彩椒　肉丝

4 把煮好的肉丝及黄瓜丝排好

5 然后把京葱放到另外一个小碟上

6 预备面粉皮，用高筋面粉和水搓至有光泽。

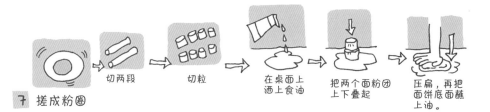

7 搓成粉圈　切两段　切粒　在桌面上洒上食油　把两个面粉团上下叠起　压扁，再把面饼底面蘸上油。

8 擀成面皮

9 煎香面皮两面

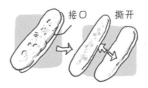

接口　　撕开

10 在油上下面粒擀成的粉皮中有接口，沿接口上下撕开。接口　撕开

前面未煎过　　　后面煎过

11 用没有油煎过的一面包馅

12 以个人喜好把猪肉，京葱和黄瓜丝放在面皮中。

13 包起来

14 便成了美少女地道的京酱肉丝了

伴碟

学做菜的始末

　　我叫 Charmmy（笔者按：这篇稿是 Amy 妈妈的手稿，不是 Charmmy 的作品），是一名就读于香港中文大学专业进修学院的二年级学生。或许有人问："买菜做饭这些应该是家庭主妇的行为，但我是一个学生，怎么会烧菜做饭呢？"这就要从我的童年说起。我自小到大，妈妈都要出外工作，那我的一日三餐，不是"留餸"，就是"剩饭"，还有"隔夜菜"。无论我喜欢吃，还是不喜欢吃都是妈妈留下的。中学上街吃、叫外卖都不是自己爱吃的。

　　暑假我回乡下探望婆婆时，婆婆烧的一手好菜，令我体验到新鲜好吃的饭菜是要亲手煮出来的，于是我开始学习做菜了。我最喜欢的就是拿手好菜：红烧茄子。说到茄子，许多香港长大的朋友在街市里买到的，都是一条条长形状的茄子，但我所见过的茄子，有的比我的头还大，重量达三斤半，那就是北京的茄子，又大又圆。我跟婆婆学的烧茄子，用的就是又大又圆的北京茄子！多数以滚刀刀法来切，口感、配料都不同，我觉得是北方菜里最正宗的一道菜。今天的我在上学下课之余，买菜做饭都是我极大的乐趣。

　　说到京酱肉丝这道菜，要归功于我妈妈。从小到大，我不吃京葱，也不吃香菜。即使妈妈用尽方法来劝导我、游说我，我都不会听，更不会吃。妈妈说吃葱的人会特别聪明；又说"食菜食埋葱，考试好轻松！"无论妈妈用的葱有多细多小，我都很敏感地吃到，并吐出来，妈妈也奈何不了我。终于有一日，在北京的饭店里，这道京酱肉丝令我与京葱结下了不解之缘。这道京酱肉丝令我记起了这十多年不吃的葱加起来的分量，我忽然醒悟，如果我早点听妈妈的话，吃多些葱，说不定我一早便轻松读到大学呢？下面且听我和大家分享京酱肉丝。京酱肉丝是一道正宗的北京菜，特别之处是它的主菜，包成一层层、一卷卷；将京葱丝、黄瓜丝和肉丝卷在一张薄饼里，太美味了！这种吃法令我改变了对京葱的讨厌，不知不觉爱上了京葱的味道。我下决心怎样也要学做，最后成功学会了这道北京菜；希望与那些不吃京葱的朋友分享这道菜，让他们重新认识京葱这种调味材料：不可不吃，不可少吃，非吃不可。

我自从来到香港定居，才懂得做菜。
现在与女儿居住在公屋里，生活得还不错，
而自己的所有集中力也寄托到女儿身上，
希望她可以读好书，吃得好。May 姐自言
经济条件一般，胜在附近有社区中心可借用
计算机、找朋友谈天，生活总算愉快。

May 姐

远程学煮
京津菜

　　阿 May 是天津人，移居香港之后，难免想家人，想到京津食物。她说香港的京津菜馆没有她要的东西，要吃京津菜，需要自己做。我问："但你自小都不必煮饭烧菜呀！"她说，对呀，我打电话问妈妈，问姐姐怎样做。我说："你是这样学会的？"她说："是呀，不懂就打电话！"这天，她为我们示范了远程学习的成果：黄瓜龙和糖醋鱼，这两道菜都是在香港京津菜馆吃不到的家常菜。

　　糖加醋的哲学，五湖四海无处不在；在京津菜里，糖醋鱼需要加入酒。把鱼皮撕下之后，鱼肉蘸上白面粉，等一下左口鱼要过一过油；那锅油不必太多，比煎鱼多一些。为了增加食味，放一把花椒。左口鱼肉薄，下锅后不久即成金黄色，可以取出。鱼在油锅里的时候，不必翻弄，以防把鱼肉打散。

　　鱼变成金黄色了，煎鱼的油可以再用。阿 May 先把 11 种调料合在一处：分别是八角、切粒的蒜头、切段的红葱段、斜切的京葱、薯条般粗大的姜条、白酒、山西陈醋、白糖、盐、小茴香子和少量酱油。这时候鱼要先回锅，等锅再烧热一点，把拌好的调料一下放在热锅里，酒和醋因直接受热而挥发，鱼肉吸收了一部分香味，香味再往上升时，阿 May 把锅盖放下；定一定神，打开锅盖，添一碗新水，鱼在有 11 种调味料的汤内半煮半炆。阿美说："水滚了，留多点水喝汤也可以，或者煮到收水，做浓汁下饭。"

　　黄瓜又叫胡瓜，就是香港的青瓜。黄瓜龙，是吃刀工的；也不必煮，靠在锅里调好、烧热的蘸汁。把黄瓜洗干净，不去皮，斜切片。但不切断，黄瓜

片要切得薄。然后，翻另一面，以同样角度的斜刀切片，也不切断。这样切完两面，一条黄瓜已刀口累累。阿美说："妈妈切完黄瓜之后，执起一头，黄瓜就会松松拉成一条刀纹有致的花纹黄瓜，原本是脆硬的黄瓜，现在可以盘成一条龙的形状放在碟上。"

阿 May 只在电话里听妈妈说过怎样做，却从来没有做过一次。因为我在香港吃拍黄瓜吃得多，但黄瓜龙却是闻所未闻，坚持要她给我们示范。她买了四条黄瓜，两条是便宜货，试刀用；另两条顶花带刺才是上碟的。半路"出家"，阿 May 的刀法不算利落，但我发现她脑袋转得很快，为了不切断黄瓜，她实时调校角度，以刀尖为落点，刀尖一碰上砧板就收力，黄瓜便不会拦腰切断。四条黄瓜切完，效果不算理想，但总算把"戆直"的黄瓜变成"绕指柔"。阿美说："切好的黄瓜撒点盐，最好放在冰箱里冻上一两个小时，黄瓜吃起来更觉脆嫩。"

黄瓜蘸汁以白糖和山西陈醋为主，以花椒开锅，另加鲜红指天椒配色添味。阿 May 的妈妈说将黄瓜龙和蘸汁都放在热锅里烫一下；但姐姐却说黄瓜要鲜脆，不必过油下锅，把蘸汁调好，在油锅里烧香，淋在黄瓜上就好。阿美今天用姐姐的方法。

天津味糖醋鱼

1 预备一条合时令的鱼，天津人多会用黄花鱼做此菜，这次则选用左口鱼。

2 先以清水洗净，去内脏，并撕去底和面的鱼皮。

3 用吸水纸吸去鱼身上多余的水分

4 并在鱼身上蘸满一层面粉

5 然后用油及数粒花椒爆锅

6 酱汁是这道菜的灵魂，先将以上调味料混在一起，不妨边加调味料边试味，直至味道合适为止。

7 把鱼肉下锅煎至金黄色

8 然后将酱料和水下锅煮

9 盖上锅盖，细火炆至鱼肉入味为止。

10 鱼肉好入味，酱汁又可以捞饭，是一道很受家人欢迎的菜。

黄瓜龙

1 先把黄瓜外皮清洗干净

2 把黄瓜切头切尾，然后斜切，每切一刀，留下二分一不要切尽，以免黄瓜断开。

3 翻转黄瓜另一面，同样方法切剩二分一，要加倍小心不要切断。

扭一扭

4 切好后，小心地扭一扭黄瓜，即成为伸缩自如的黄瓜龙了。

5 把黄瓜龙好好地排在碟中，放入冰箱冰格一会便更爽更脆。

辣椒粒　盐　糖

6 酱汁又是这道菜的灵魂，请把以上材料放在一起。

油花椒　酱汁

7 先用生油及花椒爆锅，再放入酱汁煮一煮。

8 把热烫烫的酱油淋在冰冻的黄瓜上即可

美味亲情

　　May 小时候跟姨母在北京长大，因为排行最小，所以不必操劳家务，不用在厨房吸油烟。有一天，她对妈妈说要嫁到香港生活，妈妈说："你连广东在哪里也不知道，怎会要去香港？"妈妈反对阿 May 离乡别井，所以阿 May 妈妈有一段时间不开心。

　　我问阿 May 单靠电话可以说得清楚每道菜怎样做吗？阿美说："不一定说得清楚的，像是炒鱿鱼，要切花纹，妈妈说这样切、切、切，反过来又切，煮好鱿鱼便会卷起来出现花纹。我把鱿鱼都切断了，切好了，煮出来却没有花纹。于是姐夫把整个刀工要诀画成图画寄过来，我照图学习才解决问题。"我又问这样电话教煮食，学了多少道菜？阿 May 说："没有多少道。我们家境不好，哪敢经常用长途电话？不得已才打。妈妈年纪大了，耳朵不好，有时也说不清楚；所以很多时候都问姐姐。后来，因为有朋友的长途电话是以月费计算，所以借别人的电话才可以多点跟妈妈和姐姐说近况，学做菜。"我相信这种远程沟通对离乡别井的阿 May 很重要。

　　其实从她调度煮食和清理现场的小动作，你绝对看不出她是远程课程出身的家庭煮妇，因为管理厨房不单是日常清洁那样简单。香港楼宇的设计哲学，从来没有尊重过厨房；每天在厨房准备食物，煮妇需要适当处理因煮食过程产生的空间和时间矛盾。

　　阿 May 的故事让我想起很多年前的一件事。我离家独居多年，偶尔一年难得回家吃一次饭。有一年初冬，想起儿时冬天早上，妈妈会给我们做红薯薄撑（音：餐）。做薄撑的前一晚，妈妈会预先用白锅烤香花生米，我们跟在她身边讨一点香香的花生米吃，又知道第二天早上有红薯薄撑做早餐，心情特别雀跃。红薯薄撑以糯米粉、粘米粉及红薯做面团。那天我躺在暖和的被子里，就是想不起材料的比例，于是打了一个电话回家问妈妈红薯薄撑怎样做。妈妈先问我住在哪里，做什么工作，有没有"拍拖"，有没有……然后她哭了起来。我不知道红薯薄撑怎样做，妈妈对着儿子不知道怎样做他的妈妈……最后红薯薄撑的比例不了了之，至于妈妈怎样去做儿子的妈妈，我相信……也是不了了之。

近年香港兴起包点连锁店，还经常
大排长龙。"我觉得一点也不好吃，
面粉本身漂过头了，没有香味！"于是兰姐
每天亲自制作包点给儿子，北方包点让儿子
爱上妈妈的自家制品，还会与同学分享。

兰姐

拔丝地瓜 非甜品

　　星洲炒米、扬州炒饭我们都知道不是当地菜式，纯粹是移花接木的创作，但是拔丝地瓜却不同，它是正宗的东北菜，到了香港也大致保持原本的制作过程；但是今天访问阿兰，让我觉得好像上了一次东北菜的通识课程。她告诉我们，拔丝菜不是放到散席前才吃的。

　　阿兰说拔丝地瓜简单易做，但却不是每次都会成功。这样说不是有点似是而非吗？不成功的意思是拔不出丝来。阿兰把地瓜以滚刀方式切成小块，与我们煮红薯糖水差不多。地瓜要先过油。阿兰说最好是炸两次，炸了一次，隔了油，放凉了再放到滚油里炸，再放凉，这个地瓜的口感就会外脆内软。我心里却想着，为何不是拔丝苹果或者香蕉？地瓜者，红薯也。香港人一般不太看得起，所以高级菜馆都用水果来做的。阿兰说拔丝雪糕也有呀，不过就不是谁人都会做了。她说："其实拔什么都可以，芋头也可以，但是用地瓜最普遍，家家传统上都是这样吃的。我们东北的地瓜最甜，会流糖。香港买到的差得远了。我喜欢用黄瓤地瓜，炸出来的颜色漂亮。本来芋头也好，但颜色就不好看了。紫色的日本地瓜更难吃，颜色又不好。"

　　地瓜炸好，搁着，阿兰开始煮糖浆。拔丝地瓜或者说拔丝系列的菜式基本上只用两样材料，一是主材料地瓜或者苹果什么的，然后就是白糖。白糖放在锅里煮溶成为糖浆，糖要溶化不是加清水而是加生油，白糖会在油里溶解。我们平时吃的花生糖、芝麻糖也是用油来化糖的。阿兰说拔丝成功与否，全看你煮糖的火候是否掌握得准确，煮不够火候，糖浆太稀，拔不出丝；煮

得太过，糖就会焦，吃起来有苦味。

那怎样才算准确的火候？阿兰说你要亲自煮了，有了经验才知道。接着，她认为糖浆已经够火候了，便把地瓜倒在锅里捞匀，每一块地瓜都挂上了一层糖衣。她说成了，可以拿出去！我大惑不解，完成了？不是吧？我想起以前在京沪式餐馆吃的饭后甜品，拔丝香蕉并不是这样的。

有一次，在一间颇高规格的京菜馆吃这道饭后甜品，还有专人在我面前即席拔丝。一块一块的拔丝香蕉立刻放在一碗冰水里速冻一下。那次印象很深，因为那间饭店用的不是冰水，而是冰镇玉泉忌廉！后来放在我面前的拔丝香蕉，是一碟浸水过久的脆焦糖香蕉，会甩皮的。

我问："在席间，拔丝是头道主菜，还是最后才上？"她说："随便吧，吃着吃着，轮到它就上，反正不是放在最后，中间吧！"不是甜品吗？阿兰说："当然不是甜品。"阿兰把地瓜夹住，抽起，糖在粘连，丝拔出来，就看你一块我一块的抽出丝，大伙儿吃饭高高兴兴，拔丝什么都好，气氛特好！我诧异地问："是自己拔的丝？不是饭店的事？"阿兰说："都是自己拔啦！怎会由人家来做！"浸过冷水，拔丝地瓜包着的糖衣变成甜脆，而且会粘缠在牙缝上。

我想说，拔丝菜来到香港，变得非驴非马呢！

拔丝地瓜

① 先把红薯
去皮

② 把红薯切
成呈三角
形的小块

③ 呈三角形的红薯，炸起
来能外脆内软，口感好
之余卖相也特别好看。

1 把油加热，直至竹筷
子插入滚油有气泡浮起。

2 放入红薯炸
至金黄色

3 把炸好的红薯
放凉10分钟，
能令外皮更脆。

4 准备糖浆，把适量
砂糖下锅加热。

5 不断搅动糖浆
直至砂糖完全
溶化

6 然后把之前炸好的
红薯放入糖浆中加热
炒一下

7 熄火，继续搅动直至
大多数红薯已涂上
糖浆就可上碟。

8 当进食时，夹出
一片拔丝地瓜，
可看到一缕缕
金黄色的糖丝。

9 然后把拔丝地瓜
浸一下凉水才吃，
这样红薯外层更
松脆更好味。

鲜鸭蛋搓
面条滑一滑

　　有些人说："香港还有一、两间云吞面店是用鸭蛋搓面条，面质好滑；但一口面吃下去，最难受的是那些碱水味，你说面质有多爽滑我都无心欣赏。"我请教过一些饮食业人士，其中一个夸口说："我是第一个在深圳引入兰州拉面的。"我问："兰州拉面要加碱吗？"他说："一定要。"于是我问阿兰："你搓的面加不加碱？"她说："加了鸭蛋会很滑，不必加碱，加了碱的面条不好吃！"阿兰开始搓面条了，等下为我们揭开面条走碱之谜。

　　阿兰替我们示范过花卷、菜肉包，她用料的分量都是经验之谈，大多数依书煮的人都有煮出来不是那回事的经验；不是分量的问题，是我们不熟识整个流程，没有根据制作过程变化的经验，所以成品很容易似是而非，味道不对。这次阿兰说："大约是一只鸭蛋和500克面粉吧！需要再加一点点水和面。"眼见做面条的面团很干，要把干而散的面粉搓揉成团，需要付出耐性和臂力。

　　有些人加鸡蛋，也可以。阿兰解释："但加鸭蛋的话，面质会很滑，鸡蛋没有这个效果。"我不想吃太多蛋，于是追问："什么蛋也不加可以吗？"她说："当然可以，只要你和的面好，面条就会好吃。好吃的面条是有韧性的。搓好的面团，最好等一两个小时，面条的结构自然会生成。一搓好就切条，切完就下锅的面条口感不会好。"

　　搓了好一会儿，面团基本完成，阿兰要把面团擀成一张面饼，她用一条短木棍。阿兰抱怨说："上次那条长的跌了落街，都不敢下去拾回来，怕打伤

了人，这棍太短了，不好擀。"阿兰把稍微扁平的面团包起短棍，然后在桌上再压，来来回回，面团终于变成一张面饼，将面饼折起来成为长长的一条。

她说："在家乡，你可以要求店家把面条切成宽的、不宽不窄的，或者是细如丝的都可以。"她笑问："你想怎样？"我说："三种都要。"阿兰说好，那就分成宽、中、细三种。三种面条散在桌上，桌上散满了面粉，有说不出的好看和质感，好像在说："这才是真实的食物！"

"今天请你们吃东北打卤面吧。"阿兰说。打卤者，即是用木耳碎、大白菜碎、土豆碎等等材料推出来的一个羹。东北人叫"打卤"，出来的效果是香港街头卖的碗仔翅加上海面。打好卤，阿兰煮面条。煮之前放一点盐，面条不易糊。面条煮好了会浮上水面，不过这次阿兰觉得面还有点生，于是再加生水，等一锅面重新再滚起来。她说面条不够熟，你拼命加长时间煮，它会变糊，但加点生水重新滚起，等于是从头开始再煮一次，就算时间长了，但面不会糊。

终于到了开动的时刻了，第一口吃下去，很滑，真的滑，硬了一点是不是？阿兰说："是硬了，因为这次和了面团却没有等它一两个小时，刚才切的面条有些不够拉力，会断，就是这个原因了。"平心而论，这是我吃过众多自家制的面条中，口感最好的一次，这令我相信，手搓面不是那些只求天然，不理食味的偏激健康制作。

写完这篇稿，我便去和面团了！

打卤面

鸭蛋

1 先把已搅好的鸭蛋浆倒进高筋面粉。鸭蛋可令面条更香更滑；高筋面粉可令面条更有嚼劲。

2 以单一方向搓面粉，因没有加入水，所以面团较干，要以大力搓揉。

3 直至面粉成为有弹性及光泽的面团，并放上一个多小时。

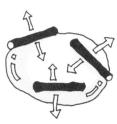

4 用长木棍把面粉团向外围擀成大面皮

5 在面皮上洒上面粉，然后卷起来。

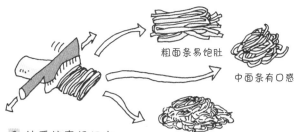

粗面条易饱肚

中面条有口感

细面更入味

6 然后按喜好切出不同粗度的面条

7 然后把切好的面条放入滚水煮10分钟

豉油

京葱粒

姜蓉

8 准备汤汁，把姜蓉、京葱粒及豉油下锅爆香。

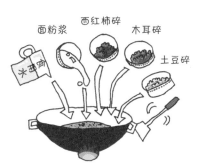

面粉浆　西红柿碎　木耳碎　土豆碎

9　再把适量的水，面粉浆、
　　西红柿碎、木耳碎及土豆碎
　　下锅煮，搅拌成汤羹状。

10　一边搅拌汤羹，直至呈半透
　　明状；另一边煮面条，
　　直至面条浮起。

11　面条煮熟后，
　　用冷开水冲洗。

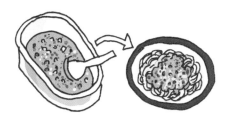

12　把咸咸酸酸的汤羹
　　伴着亲手打的面条
　　吃即可

韭菜盒子的营养哲学

阿兰示范这个韭菜盒子，外观是一个很大的饺子，像拳头，煮法似是锅贴。味道呢？"唔……"随团访问的社工、摄影记者和画家都说好吃。我猜应该是潮州的传统包点韭菜包。因为我不吃韭菜，但我仍然记得小时候那个叫潮州佬的邻居做的包，韭菜辛香。以下是韭菜盒子的馅料名单：

韭菜

阿兰说韭菜在东北很普通。韭菜营养很好，纤维多，可以美容，对肠胃也好。我问要多少韭菜，她说用量就看自己吃多少。我说潮州的韭菜包里面只有韭菜，味道也很好吃的。

猪肉

她先把超级市场买回来的免治猪肉撕去保鲜纸，直接放到锅里煸。我问："不用调味吗？"她说："不用的，煸一煸就可以。"我说是炒吗？阿兰说煸是把东西在锅里炒得差不多全熟，还有一点生的意思。阿兰解释："把肉先煸，是因为肉是生的，煮的时间会很长，韭菜就变色，猪肉也会在盒子里出水。这个盒子就不好吃。"

鸡蛋

鸡蛋有蛋白质。阿兰把蛋清跟蛋白拌匀，再在锅里放油。她说："油不能

多，煎蛋油多，很难把鸡蛋煎成宽而薄。"她用手把锅拿起，圆圆的倾斜一圈，蛋汁沿着轨道在锅底分成又圆又薄的一片，金黄光亮而不焦。她用锅铲挑起一边翻几翻，薄蛋饼便变成了长条蛋卷。最后，阿兰把蛋卷切成方粒。

虾皮

虾皮不是虾的皮，而是小海虾干，连壳的。我说香港叫虾米不叫虾皮。她说不是的，虾米是很大的去了壳的虾。我解释说："我们也有很小的虾是去了壳的。广东人会用米这个字做形容词，小的东西可以说是米。虾米，就是小虾干，在广东，多是去皮的。"她说这个虾皮很香，而且有钙质。

盒子皮

面团用来做盒子皮。阿兰解释：面团由面粉搓出来，搓粉先加水，水是热烫的开水，把面团向同一个方向搓，搓成团。热水搓粉，面团烫成七分熟，盒子皮会很软，口感很好；然后面团醒发一个多小时。阿兰熟练地把预先放好的面团搓成长条，分成小块，稍微搓圆，用擀面棍把小块压成一张圆圆的盒子皮。阿兰说："盒子皮要中间厚一点，边缘相对是薄的。因为馅料放在中间，盒子皮对合时，边皮便变得厚起来，整个盒子的外皮厚薄一致，受热才均匀。"她把包好的韭菜盒子放在电锅里煎。她说："放很少油就够了，甚至不放油也可以。"我说这个做法像是南京生煎牛肉包，又像京式葱油饼。

韭菜盒子

材料处理：

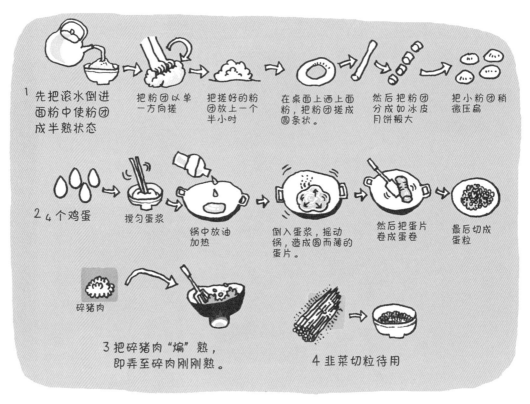

1 先把滚水倒进面粉中使粉团成半熟状态 → 把粉团以单一方向搓 → 把搓好的粉团放上一个半小时 → 在桌面上洒上粉，把粉团搓成圆条状。 → 然后把粉团分成如冰皮月饼般大 → 把小粉团稍微压扁

2 4个鸡蛋 → 搅匀蛋浆 → 锅中放油加热 → 倒入蛋浆，摇动锅，造成圆而薄的蛋片。 → 然后把蛋片卷成蛋卷 → 最后切成蛋粒

碎猪肉 → 3 把碎猪肉"煸"熟，即弄至碎肉刚刚熟。

4 韭菜切粒待用

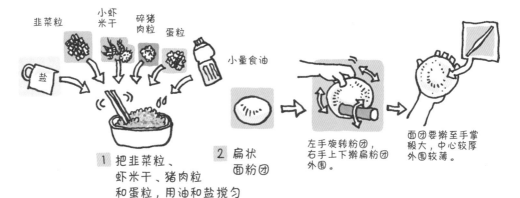

韭菜粒　小虾米干　碎猪肉粒　蛋粒　盐　小量食油

1 把韭菜粒、虾米干、猪肉粒和蛋粒，用油和盐搅匀

2 扁状面粉团

左手旋转粉团，右手上下搋扁粉团外围。

面团要搋至手掌般大，中心较厚外围较薄。

3 把馅料放
在粉皮中

合起粉皮，
用手握实粉
皮边。

把粉皮边
卷成花边
即可

4 在锅中放少量油，
放入韭菜盒子，
用手背稍微压扁。

5 放下锅盖煮，
令馅熟透。

6 翻转盒子，把两
面煎至金黄色即可。

7 完成时便可以看到香喷喷且金光
四射的韭菜盒子了！

伴碟

红薯与韭菜

　　红薯即地瓜，大江南北称谓不同。用台版的 Google 搜寻"拔丝"二字，建议的条目竟是拔丝地瓜而不是香港人惯见的拔丝苹果或者香蕉。进入台版的拔丝地瓜信息，台湾人吃拔丝地瓜，仍然保留东北菜的风尚。

　　阿兰对地瓜的联想，是六十年代饥荒，主要是靠地瓜和地瓜叶生活下去，地瓜是救命菜。我说广东人对红薯也怀有同样的感情，灾荒时没有红薯，死的人更多，贫困户的生活也要它来支撑。我有一个潮州朋友，他说以前家里穷得不能再穷，父母早上煮好一锅红薯粥就出外找生活。兄弟们的早餐是温热的红薯粥，中午是冷凉的红薯粥，晚上一家人围在一起再吃一次红薯粥做饭。他长大之后，绝口不吃一切有红薯的东西。

　　时移世易，艰难的日子远去了，大家吃得太多，身体养分不患寡而患过剩；红薯在这一刻又跳出来拯救我们这一群肚满肠肥的现代人。注重营养学的阿兰说，地瓜有丰富的纤维素，帮助肠道蠕动，可以美容和排毒；台湾就发展出地瓜排毒养生餐来对付现代疾病。

　　既然红薯这样好，潦倒靠它救急，富贵时也靠它救命，寻本溯源，我们得要多谢把红薯带到中国的大恩人了。红薯，番外所传也；原产地是美洲，由哥伦布传到西班牙，西班牙传到今日的菲律宾及越南一带。明朝万历十年（1582 年），由东莞人陈益自安南（越南）引入中国；万历二十一年（1593年），福建人陈振龙又从菲律宾引入。自此红薯走遍大江南北、两岸三地，活人无数。

　　谈到韭菜，虽非人人能接受，但以西方营养学观点则是有益无害：500克韭菜大概含 10 克蛋白质、280 毫克钙、30 克脂肪、225 毫克磷、6.5 毫克铁、95 毫克维生素 C、17.5 毫克胡萝卜素；而且有大量挥发油，含硫化物，可以降血脂，减少心脏疾病的发生。此外，韭菜里的纤维质刺激消化系统蠕动，更会产生排毒和预防肠癌的功效。

　　可是，出家人不吃"五辛"，包括葱、蒜头、大蒜、藠头、洋葱和韭菜等。韭菜又叫起阳草，在中医的角度，它能够温补肝肾，助阳固精。出家人吃了韭菜打坐就坐不住，心烦意乱，欲念翻飞，堪称世上最天然、最便宜的"伟哥"。在清末民初，四川省出现了一个中医派别——扶阳派，其奠基祖师名叫郑钦安，人称郑火神。他提出：人的精神和肉体每天都在消耗阳气，先要保住阳气，身体才会健康，阳气是先天而生的，发生和储存均在腰肾。阳气充足，整个人的神情举止均表现得精神奕奕，阳虚阴盛的人容易面青唇白，阴声细气，社交表现也会较为内敛。

　　广东也产韭菜，而潮州人特好以韭菜做包子，平常吃水多米少的潮州粥，以西方营养学来说，潮州人刻苦耐劳，但饮食上却出现淀粉质过多而蛋白质不够的情况。但理论归理论，实际又是另一回事，潮州苦力在从前的香港货运业立过汗马功劳，会不会就是这个韭菜的阳刚效应呢？

三

东南亚、南亚、
东欧菜

莲姐的口头禅是"好好吃呀！"
煮了超过四十年的泰国菜，由小时候在
家里煮，到现在经营小食店，虽然多了经验，
但因为食客的口味也不停转变，
故此每次下厨都不敢怠慢，使顾客能回味无穷。
虽然有时会觉得辛苦，但每当听到食客的赞赏，
再辛苦也是值得的。

莲姐

送饭

入味泰菜好

　　莲姐为我们弄一个木瓜沙拉，再煮一个黄咖啡土豆送白米饭，简单又入味。根据莲姐说回到乡下之后，她才发觉乡下的饭菜很精彩，让她这个曼谷人大开眼界。我兴奋地说："请你介绍一些乡下的泰国菜给我们的读者认识一下。"她说："不知你喜不喜欢，就算是泰国人有些都受不了，但你喜欢的话，你就喜欢得不得了。"我问："什么？"她说："臭鱼！把鱼用盐腌过，很入味。"我下决心说："好，就试这个！臭鱼！"莲姐说："真是很臭的！"我说："好，最要紧是够臭！"其实我心里想，咸鱼我们吃得多呢！

　　木瓜沙拉不是难做的菜，而且可以做得很有个人风格。主要的材料是木瓜，用一个刨丝的刨把青皮的生木瓜刨出细丝。我个人的喜好是用刀切薄片，然后再切丝；花15到30分钟去享受切出细丝的过程。除了木瓜，木瓜沙拉会加入少量切段的青豆角和西红柿。西红柿与调味的香料一起放在石盅内捣碎，但不必太碎。调味香料有酸子（一种热带树的果子）、椰糖（莲姐说木瓜沙拉一定要用椰糖而不用其他的糖调味才对口味）、青柠檬、鱼露、辣椒（吃木瓜沙拉，有时泰国餐馆的侍应会问小辣还是大辣；而大小之分，一般是你想沙拉里面用多少个指天椒。5个算是中辣，泰国人用10到15个视为等闲）。把这些调味料捣碎，然后加入主角臭鱼（不过，你可以不加臭鱼，也是很好吃的木瓜沙拉），再拌好就可以修饰一下上碟；然而令我意外的是，臭鱼并不是一块块的咸鱼。简单来说，是咸的鱼露。这种鱼露的材料主要是用鱼加盐腌制而成。莲姐也说不出详细的情形。臭鱼的卖相是一种咸鱼肉般颜色

的腥加咸汁液，且有很多沉淀物，相信是未化掉的鱼肉吧！我用尾指蘸了一滴放在舌尖，啊！刹那间，浓烈的咸腥味把我带回童年，那次在一个潮州邻居家里吃白粥，叔叔把一只潮州咸蚬放在我的粥里……那是我一生唯一一次吃那个生腌的蚬；打死我都不会试第二次。今天冷不防，好像是吃了人生第二次的咸蚬！

　　莲姐做咖喱，是用现成的咖喱粉。她说咖喱因为材料不同而有黄、红、绿咖喱之分。先把一个红洋葱切片，放入锅里炒香；倒入少量水，加入咖喱粉拌匀，然后再加入椰浆。莲姐用很多椰浆，煮出来的咖喱很香浓。放入切小块的土豆后便可以中火煮慢煮，直至土豆熟透，需时大约 15 到 20 分钟左右。上碟前的一步很重要，把数片柠檬叶及青柠汁加入咖喱当中，让咖喱的热力把清新的柠檬叶的挥发油溶入咖喱之中。它的效果是：如果你一向觉得咖喱是很浓、很沉闷的食物，你可以试一试新鲜的柠檬叶与青柠汁结合出来的效果——清新醒胃，与别不同！

木瓜沙拉

1 生木瓜刨丝

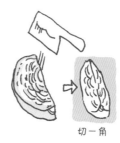

切一角

2 椰菜

3 原条青豆角

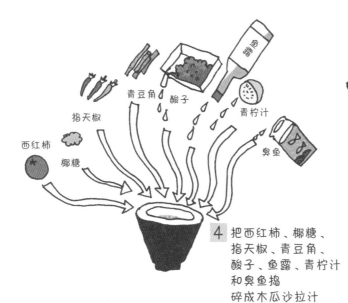

4 把西红柿、椰糖、
指天椒、青豆角、
酸子、鱼露、青柠汁
和臭鱼捣
碎成木瓜沙拉汁

指天椒　青豆角　酸子　青柠汁
西红柿　椰糖　臭鱼

5 把沙拉计倒在
木瓜上，再以
豆角和椰菜伴
碟即可。

黄咖喱鸡煮土豆

1 土豆

2 鸡肉

3 洋葱

切块

切块

切块

把洋葱炒香

椰浆   水

4 椰浆加少量
水煲滚

5 再放入
黄咖喱

6 然后放入土豆、
洋葱及鸡肉慢火
煮20分钟。

7 把柠檬叶放在
热烘烘的咖喱上
出味

8 美味可口清新
浓郁的咖喱鸡便
大功告成！

清香泰味汤，饮得好舒服

　　莲姐是曼谷人，曼谷人在身份、心态上都与泰国的乡下人有别；有趣的是：我问她觉得香港的泰菜餐馆好不好吃，她不以为然地说："不好吃，香港人的口味太浓了，泰菜香港化。泰菜本身是比较清淡的。"难以置信吧？于是，我要求莲姐示范清新的泰国菜，她给我们端出酸辣菇汤及清香冬荫功汤，没有椰浆没有淡奶……"唔，香料……一点辣……酸……鲜甜……Wow……"。

　　酸辣菇汤汤底配料如下：香茅（只要根头与茎部）3、4枝、红洋葱4个、泰国人参（10厘米左右的肉质根）约4、5枝、胡椒粒少许。

　　以上配料，用泰国石盅捣碎，但不必捣烂。备用。配料是柠檬鱼香（lemon basil）和罗勒，广东话叫九层塔，使用叶的部分。

　　先把汤底配料放入开水大滚一会儿，汤底配料的香味随着水气弥漫厨房，特别是泰国人参的香味，你一下子就会分辨出来。这时可以放入汤料滚熟。收火后加入配料丝瓜、南瓜、西葫芦及秀珍菇。

　　罗勒香味浓厚，柠檬鱼香则带清新的柠檬香味。汤底配料的鲜甜与后下配料的清香组成入口香醇的汤。它的特点不是突出强酸或者劲辣，摄影记者与笔者均用喝得舒服来形容个中滋味。

　　清香冬荫功汤汤底配料如下：南姜一块（两个拇指头般大小）、香茅两三枝、指天椒5个，后下配料青柠一个（取汁）、柚子叶三两片和香菜少许，再加西红柿两个和秀珍菇随意。

先把汤底配料略为捣碎，再放滚水大滚一下，滚出香味。冬荫功的酸味其实来自西红柿和青柠汁。西红柿可以与汤底料一起入水。鲜味则来自秀珍菇，秀珍菇取其嫩滑，可以收火之前两分钟加入。泰菜馆的冬荫功味道浓重，一般是因为加了大量椰浆、淡奶、番茄酱、鸡粉及鱼露。其实冬荫功汤因人而异，冬荫功者，泰语虾也。有了汤底，你加海鲜或者只用蔬菜绝对自由。

汤底完成，收火后再加入青柠汁。这时，再在盛汤的汤碗底放入撕碎的柚子叶，利用汤水的热力把柚子叶的清香带出来。最后的工序是撒上悦目的香菜叶。莲姐说，这种冬荫功汤的做法，是她在乡下学回来的，在大城市里尝不到。味道不同吧，今时今日，吃惯夸张制作的香港人也会回归基本了。有没有人想去投资一间清新泰国菜馆？

酸辣菇汤

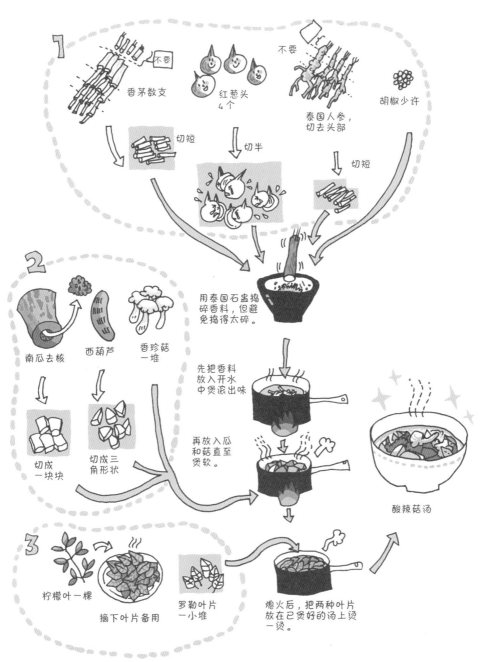

1

香茅数支　　不要

红葱头 4个

不要

泰国人参，切去头部

胡椒少许

切短　　切半　　切短

用泰国石臼捣碎香料，但避免捣得太碎。

2

南瓜去核　　西葫芦　　香珍菇一堆

切成一块块　　切成三角形状

先把香料放入开水中煲滚出味。

再放入瓜和菇直至煲软。

酸辣菇汤

3

柠檬叶一棵

摘下叶片备用

罗勒叶片一小堆

熄火后，把两种叶片放在已煲好的汤上烫一烫。

冬荫功汤

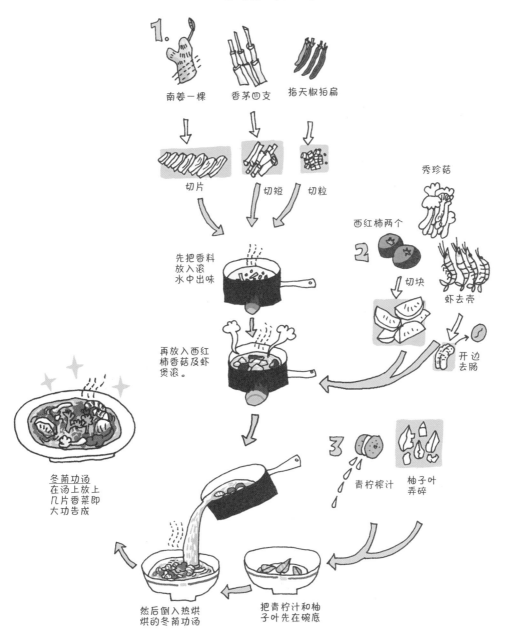

1.

南姜一棵　香茅四支　指天椒拍扁

切片　切短　切粒

先把香料放入滚水中出味

秀珍菇

西红柿两个

2

切块

虾去壳

开边去肠

再放入西红柿香菇及虾煲滚。

3

青柠榨汁　柚子叶弄碎

然后倒入热烘烘的冬荫功汤

把青柠汁和柚子叶先在碗底

冬荫功汤在汤上放上几片香菜即大功告成

伴碟 | 泰菜香草秘技

今天的香港泰菜令人摇头，因为主要是吃味精、鸡粉和美极鲜酱油。吃完味精要饮可乐解毒，坊间这样说可乐的功能。这样的饮食模式，身体伤上加伤。其实泰菜不必如此。莲姐示范的菜式，味道风格来自香料的处理。如果说麻辣是川菜的灵魂，没有罗勒、香茅等香料的泰菜就不成体统。

香料的处理有两个方法。香味稳定的材料，例如南姜、泰国人参、香茅等，这些是构成汤底味道的支柱。它们可以耐得住高温和长一点的烹调时间。如果要取得最大的香味，减少烹调过程流失的香味，可以先用木棍拍碎、石盅捣碎或者切片。之前介绍的臭草煎蛋，则会使用大量的臭草来抵消煎蛋过程而流失的香味。换句话说，你喜欢重一点的香料味，则可以把某个材料的分量增加。

有一些香料，使用的过程几乎不经高温，或者刻意地避免高温破坏香料的香味。例如罗勒、柠檬鱼香、柚子叶、柠檬叶等。这些植物的香味来自本身的精油，有些精油很容易在高温状态破坏，有些容易挥发消失，所以泰菜香料有时是后下的。中药用到行气药如肉桂粉，驱风寒药如紫苏，医师便会叮嘱病人这些要后下，即药煲好了，装碗前离火烤一会儿就可以。

这些不耐高温的香料，通常用新鲜叶子，你会发现虽然柚子叶是放在碗底，柠檬鱼香放在汤面，青柠檬汁是收火后添入，但是那道清新的香味却是如此鲜明，与香茅、南姜那种稳重的辛香又别有一种风味。浅呷一口汤，你可以细细地追寻或厚重、或清新的各种的香料的位置。

莲姐还示范了罗勒炒茄子。罗勒上碟前加入，在锅里快炒两、三下。罗勒或者是其他的鱼香香草，例如意大利菜必备的意大利鱼香，都是见不得火的，稍微高温一煮，青绿的叶色就会变淤黑，很难看。这次莲姐的罗勒 / 泰国鱼香茄子(不是因为加了咸鱼肉碎所以叫鱼香茄子，而是因为罗勒香草啊！)，上碟时罗勒还是那样青翠，罗勒的清香配合添了酱的茄子，简单得来却让人有意料之外的满足感，好像觉得，这样就最平衡了，再添任何的配料都是多余的；而且省却了事后可乐。

天
水
围
的
一
小
时
生
活
圈

妈妈说："我就是妈妈，在这里，人人都叫我做'妈妈'。你这样称呼我就可以。"于是，我又学着别人叫她做"妈妈"。妈妈告诉我一个天水围生活的概念——天水围的一小时生活圈。

妈妈说："这个设计是很公平的，你在天水围，坐巴士到香港，差不多是一个小时；坐巴士到荃湾，也差不多一个小时。"这时我记起了社工曾经对我说的，他住在屯门，但因为交通网络的安排，他由家里到天水围上班也是差不多一个小时；不过，天水围一小时生活圈与其他地方不同，因为，天水围除了住宅，就是住家。那里的就业机会很少，但交通网络很发达，点对点的运输很到位；然而，交通愈发达（我家住新界北，这个本来比天水围发展得更早的地方，但交通配套绝对及不上天水围），你愈会觉得自己住在天水围，但却不能在天水围找生活。天水围是一个有完善交通设施的孤岛。

妈妈在天水围带着3个小孩，最小那个还未上学，所以妈妈带着她来中心做示范。小孩好动，妈妈拆了一包虾片给她，她拿着半块虾片玩自己的游戏去了。她开始替我们准备饭菜，她说今天会示范泰式凤爪及西葫芦炒鸡柳。妈妈的妈妈是泰国人，所以妈妈也懂一些泰国菜。妈妈说泰国菜与广东菜不同的地方是泰国有很多食物都不是靠锅气炒香的，而是用很多香料，用香料配食材做成风味，例如今天示范的泰国凤爪沙拉。凤爪沙拉的特点是辣。辣味的程度，视乎你的需要而定，加多点指天椒，就做出比较辣的沙拉。另外，泰式凤爪调和了香料之后，愈放愈入味。一般来说，早上做，晚上吃，

而不同时间食用也会随着时间的推移，辣味会愈浓烈。因为泰式凤爪沙拉不像欧美风味的沙拉使用橄榄油，所以在调香料时，需要混合不同的调味汁，而调味汁的多少也直接影响到沙拉的味道是否能够深入各种的食材。

泰式凤爪的材料需要用大量蒜（一整个）、一个洋葱、大量红洋葱、辣椒、青柠、辣椒、芹菜和凤爪。调味料则主要有鱼露、鸡粉和青柠汁。需要留意的是：洋葱、红洋葱、蒜头和红辣椒都要切细丝，因为这样它们的味道才会很容易渗出来，调和其他味料。芹菜则切小段，青柠主要是榨取它的酸汁。沙拉是否入味，就看青柠汁够不够。妈妈说泰国人用许多味精去调味，但为了健康着想，她说不用味精了，改用鸡粉，鸡粉比较健康（笔者按：我有一个朋友在生产鸡粉的公司工作。他说鸡粉、猪肉粉或任何的粉都是一种材料做成的，那就是味精，都含有大量盐份）。

妈妈除了带孩子，还要计算经济收入。她试过接触天水围的商场管理，想租一个小铺位做小生意。她有很多零售的经验，但是管业处说她没有管理店铺的经验而拒绝了她。我又明白了一件事：做一个小店主，在这种管理经验很丰富的管业处底下，你最好先读完一个工商管理课程。后来，妈妈还是在商场租了一个摊位，摆卖儿童用品。她说一天一千元租金。有钱赚吗？妈妈说有钱赚。其实天水围真的很缺儿童衣服，不过如果每天都摆档，一天一千元，那个摊位的租金却是贵得惊人，比租一间小店铺更贵。

泰式凤爪

1 先把去了骨的
凤爪肉冲水，
也可以生水浸
一段时间。

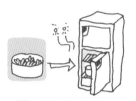

2 洗好凤爪后，
晾干水，再放入
冰箱收水，
至少5分钟。

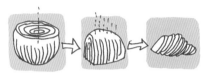

3 洋葱一个，切片，之后搅拌时
会自动成洋葱丝。如不想边切
边哭，可切去头后放入冰箱
数分钟释放刺眼物质。

红葱　去皮　切片

4 红葱切片

椰糖

5 把半条椰糖切开，
并捣碎。

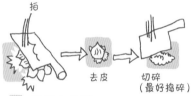

拍

去皮　切碎
（最好捣碎）

6 拍扁大量蒜
（至少用上一整
个蒜，以作杀菌）

7 芹菜切段，
不能太短。

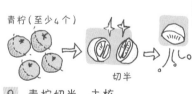

青柠（至少4个）

切半

8 青柠切半，去核。

9 大力榨汁

10 用鸡粉和鱼露调味，
落鱼露宜先倒在汤匙
免得一下子倒太多。

11 根据阁下口味，
放下辣椒片，
放多点红色较好看。

12 搅拌，并大力
压碎椰糖直至
溶化进汁里。

13 最后试味，
如不够酸便加
入柠檬醋，
配菜便完成了。

14 把所有凤爪切半，
放进配菜中，
再大力搅拌。

15 用保鲜膜包好，
冻半个小时，
再搅拌一下。

16 泰式凤爪完成了！

伴碟

无骨凤爪

　　我已经不吃凤爪了，但是我的小孩子却会吃。我不会阻止，但忍不住要问一问他："喂！如果有人这样吃着你的手，你不觉得恶心吗？把一只手放在口里吮啊！"小孩子不理我，平常心，吃寻常食物去。

　　现今吃凤爪的人减少了，因为市场流行无骨凤爪，提到无骨凤爪，大家就会说那个说了很久的笑话：听说这凤爪去骨的过程是请老婆婆用口拆出来的。20年前，我就听到这个笑话，说的人是我的同学。她的说法是："请老婆婆用口咬的。"我听后第一个反应是：不相信。我说："不是吧？谁会做这些事！"我今天回忆这个描述，记起了"老婆婆"这几个字。老婆婆是香港人用来形容老妇人的字眼，是很本土的用语。我觉得这个很地道的形容词，可能是看着真相的人说出来的。因为在工厂，见到女工是女工，见到男工是男工，老婆婆就是老婆婆，因为亲眼看见；当然，作故事也可以作得很传神。

　　这天妈妈做示范，大家看着一碟凤爪，又重新说到老婆婆用嘴拆肉的笑话。笑过就算，大家吃凤爪时还是吃得很开心。因为妈妈的汁调得味刚好，又因为时间关系，才腌了一个小时的凤爪沙拉不算太辣。有时候，说无骨凤爪这个笑话，好像是吃凤爪的禀神仪式，一定要先说笑话，笑开了，才可以合法地吃无骨凤爪。我可感到这种仪式背后的确隐藏着忧虑，害怕无骨凤爪的加工过程，的确是存着某些不确定因素。

　　我又上网看看法力无边的互联网会不会有"即食"答案。无骨凤爪的加

工是需要用人手的，不能用机器；最卫生的方法是用剪刀拆骨分皮，但是没有人会把这个过程变成剪纸艺术一样来欣赏。也许可以的……我想……。

　　故事未说完，流传在互联网的消息是大陆的执法人员的确查封了一些用嘴来加工凤爪的工场；当然，文字的字眼是这些是地下工厂，仿佛地上的工厂就是好东西。报道里绘声绘色地说，那个女工4、5秒钟就可以加工一只鸡脚。一天下来可以将一百斤鸡脚变成凤爪。

　　不过一面看字，一面看图，又有点奇怪，文字的内容与曝光的场景不一样！花了很多时间去看才发现是一个错体图文。报道是真实的，也不止一个这样的报道，不单是一个地方的地下工场问题；但那一组图，其实不是中国人，是泰国人。同一组图有些消息的文字是说：不单中国，原来泰国也是有人用嘴来给鸡脚拆骨去皮的！大陆有这种加工方法、泰国也有，所以我相信香港有老婆婆这样加工鸡脚是极有可能的；然而我见过最有趣的一张图片是：用嘴加工鸡脚的女人穿着整齐卫生的设备，头上带着塑胶帽，眼上戴了防护眼镜，身穿蓝绿色保护衣，她们身处一个灯光设备良好的厂房，只是嘴边却有一只鸡脚！别以为用口的工厂一定是地下工场啊！可惜的是：我看不出图片里的人是哪个地区的人。

煮食对我来说只是一件普通的事。
二十多年广西农场教书的生涯，我每年
都为学生毕业聚餐出力，上百人一起，
便煮些特色印尼菜。来到香港，因太太的关系，
便到印尼餐厅做帮手。说老实话，
我懂的印尼菜是向过世的太太拜师的，
她才是我心目中的大师傅。

秘书英姐

副主席琼姐

方伯

印尼串烧 + 沙拉

方伯为我们示范印尼小食，我以为主角会是沙嗲酱。方伯说："我们不用沙嗲酱的。"到试吃的时候，访问团的成员每人拿起一支猪肉串烧，总觉少了一个蘸沙嗲酱的过程有点不习惯；但当他们把串烧放入口，他们才发觉预先用秘制腌料处理的瘦肉原来包含如此丰富的味觉享受，大家开始讨论酸甜的味道源出何处，那个香料令串烧跟坊间制品有所分别。我吃了两大碗沙拉，它是可以当饭吃的，而且很适合我这个怕寒凉的脾胃。

先综合形容一下：方伯做的印尼串烧和沙拉，味道以香、甜、酸和辣为主体。香是由各种香料产生的，诸如蒜、山姜、香菜子、沙姜和洋葱等；甜品来自糖；酸味来自醋。两个小食的处理过程不复杂，然而材料众多，必须一一说明。

方伯说印尼串烧的做法不是全国一样的，好像他长大的地方，吃串烧不用沙嗲酱，最重要是用香料把肉腌一个小时；其实多数食店的串烧都没有味道，只是用沙嗲酱提味，吃不到串烧本身的风味。一般腌肉，广东人离不开酱油、盐、糖和豆粉；而印尼串烧则需要：一汤匙香菜子、2、3片山姜、一小块沙姜、6至8个红洋葱和半个蒜，用石盅捣烂。然后加入大量老抽和砂糖，少许生抽、盐、白醋及适量的生米粉、油调味，用来腌制切好的瘦肉片，腌制时间约一个小时。注意瘦肉不应切得太厚，因为容易导致肉片不能均匀受热，容易出现外焦而内未熟的情况。所有腌料与肉片融为一体，烧烤时腌料附在串烧上一起烤香，串烧便会别有风味。进行腌制的时候，可以开始制

作沙拉。

所有沙拉的灵魂都在沙拉酱汁。调味料是半斤花生、大量白砂糖和少许盐，以上调料拌匀后加水煮成糊状。不要煮的太干。花生糊煮好后，再加入适量的醋、生抽、指天椒和青柠汁。然后准备土豆、炸豆腐、黄瓜、椰蓉、佛手瓜、豆角和鸡蛋，切粒或者切片，哪样想吃多一点就放多一点，不想吃哪一种也可以剔除。印尼沙拉与别不同之处是所有材料均需煮熟。因为是蔬菜，所以滚水过一过就可以了。

调料和配料都准备好了，把两者在沙拉碗拌得均匀即可。

沙拉完成之后，串烧肉腌制的时间也差不多了。先把肉片用竹签穿好，穿紧密一点。有条件的话，可用炭火烧烤，电烤炉也可以，用锡纸垫底，把串烧肉放成一排，炉温用220℃，烤15分钟已足够；但因每个烤炉情况不同，肉片厚薄和每串所穿肉量的不同都会影响烤肉时间，所以需自行调整。

肉串烧出炉，沙拉也就绪，两者并在一起，粥、粉、面、饭可以搁在一旁了。串烧沙拉，由小食变为正餐。

印尼串烧

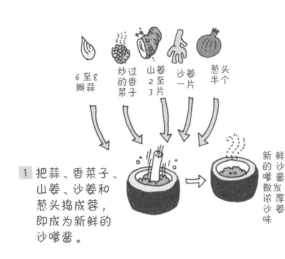

6至8瓣蒜　炒过的香菜子　山姜2至3片　沙姜一片　葱头半个

鲜沙嗲发厚姜新的嗲散浓沙味

1 把蒜、香菜子、山姜、沙姜和葱头捣成蓉，即成为新鲜的沙嗲酱。

瘦肉切片

再切

压一压

2 如要瘦肉切得又薄又整齐，每切一刀都用刀身平压肉身一下便可。

面粉　较多　白醋　较多

3 把沙嗲酱和油、盐、糖、老抽、面粉和醋搅拌腌肉，然后放20分钟。

4 把腌好的肉用竹签串起来

5 把肉串放在铺上锡纸的盘子上，放入烤箱烤15至20分钟。

6 烤好后，肉串很入味，吃前便可蘸上盘子上的肉汁，这就更美味了！

印尼沙拉

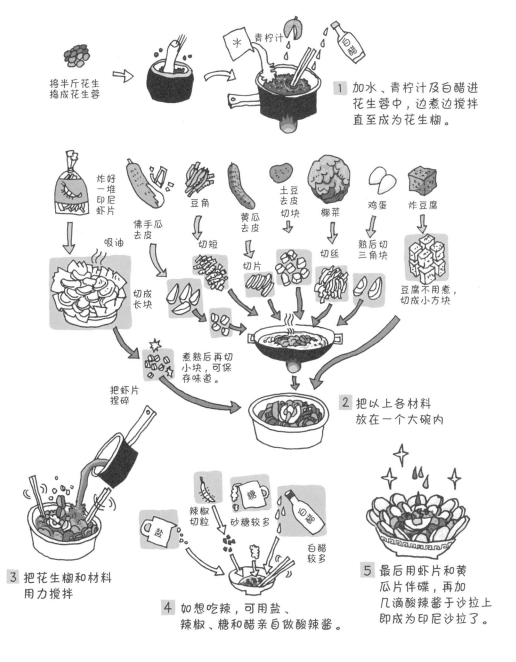

将半斤花生捣成花生蓉

青柠汁

水

白醋

1 加水、青柠汁及白醋进花生蓉中，边煮边搅拌直至成为花生糊。

炸好一堆印尼虾片

吸油

切成长块

佛手瓜去皮

豆角

切短

黄瓜去皮

切片

土豆去皮切块

椰菜

切丝

鸡蛋

熟后切三角块

炸豆腐

豆腐不用煮，切成小方块

煮熟后再切小块，可保存味道。

把虾片捏碎

2 把以上各材料放在一个大碗内

3 把花生糊和材料用力搅拌

盐

辣椒切粒

糖 砂糖较多

白醋 白醋较多

4 如想吃辣，可用盐、辣椒、糖和醋亲自做酸辣酱。

5 最后用虾片和黄瓜片伴碟，再加几滴酸辣酱于沙拉上即成为印尼沙拉了。

伴碟

方伯的团队

　　访问是在一个老人服务中心的厨房进行的。刚开始不久，我就忍不住问方伯："你以前是不是做生意的？"因为他一面忙自己的工作，一面关照其他协作的助手这样那样。方伯说从来没有做过生意。他小时候在印尼生活，大概二十多岁排华时回到大陆，在广西又住了20多年，开始种果树，后来教小学；之后又移居香港，也有20多年了。

　　这天在厨房协作的长者原来是老人中心的会员。老人中心有一个饮食天地委员会，主席是方伯。两位协作长者其中一位是副主席孔少琼，另一位是秘书李宝英。两位女长者很会开玩笑，整个访问过程都有笑声。但轻松之余，又能把繁多的材料及调味料准备得妥妥当当，是很称职的"拾遗补阙"。她们在接受访问之余，还不时把话题带到这个老人中心的饮食天地委员会上。顾名思义，这是一个以吃会友的组织，他们大概有20多名活跃的成员参加煮食活动；每年冬、夏两季均会举办两次南北美食嘉年华。

　　中心的负责人介绍说：他们先开会，决定了菜式，然后大家一起试菜，选定了菜式之后才分工合作，进入制作流程。说到节目的宣传，委员会的长者会自行用电脑设计及绘制海报，老人中心会协助发稿、印刷等事宜。这一天访问接近尾声，秘书和主席要抓紧时间离开，原来他们要到另一个地方学做姜汁撞奶。李秘书说，学成之后撞给我们试一试，还邀请我们参加他们半年才举办一次的南北美食嘉年华。南北美食嘉年华？是不是"五湖四海家常菜"？在公在私，我们都没有拒绝的理由吧！

俗语有云："嫁鸡随鸡"。
唐太的丈夫是香港人，所以结婚后便跟随
他来香港定居。儿子入读小学后她多了一点
私人时间，便到社区中心及家长教师会当义工，
每逢聚餐会炮制越南美食，现在多了朋友想学，
当然十分乐意教授，唐太希望其他家长都能为
家人煮出健康美味的越南菜。

糖糖

越式咖喱猪红

　　"糖糖"的丈夫姓唐，她在社区中心示范煮糖水，人人戏称她为"糖糖"。这个糖糖不简单，父亲是鹤山人，母亲是潮州人，成长于越南，嫁到香港落户；能说越南语、广东话、潮州话及两、三句鹤山话。她替我们示范的菜式也包含了越、港、潮州和鹤山特色，名副其实是"五湖四海家常菜"。她说吃遍香港的越式春卷，没有一条是地道的，决定要让我们见识一下真正越式春卷的滋味。我们在越式菜馆很少吃到咖喱，她说越式咖喱与别的地方的不同。这天在社区中心来了10多个年轻职员，见证了闻所未闻的越式咖喱，而我坐在一旁见证了他们的试吃，因为我不吃猪红。

　　越式咖喱用猪红，不妨准备多一点。糖糖说咖喱内的材料最受欢迎的是猪红，而不是鸡肉或者土豆。起初我不相信，但试吃结果令我无话可说，大家都说猪红很好吃。怎样才令到我们从小吃惯的猪红变得与众不同？我们放到最后才揭晓。另外，不可不提的是：正宗的越式咖喱根本不加土豆。越南人受过法国殖民统治，学会了吃法式面包却不吃土豆。越南人会放哪个淀粉质重的食材呢？答案是红薯！当糖糖知道我有肉不欢之后，她安慰我说下次有机会可以做素咖喱。她说，越南人有些初一、十五吃花斋（相对于食长斋而言），素菜咖喱会放南瓜，但平常日子则会放鸡肉。

　　咖喱的调味配料当然有咖喱粉。这天糖糖买不到越式咖喱，唯有用泰国咖喱糕。咖喱糕先用来腌鸡肉，加点砂糖和盐。这边可以起锅，放油、放蒜蓉、辣椒蓉和香茅蓉。香茅蓉取鲜香茅最嫩的部分剁碎而成，留下的近根头

及茎部则整枝放入咖喱汁内炆煮。炒香后放入鸡肉又炒一会儿，炒得鸡肉表面也甘香了，便可以放入适量的水和猪红。所谓适量的水，大概是我们滚节瓜汤那个分量；因为越式咖喱的成品是咖喱汤，而不是很浓的糊状。

然后再把洋葱片和红薯炒香备用。因为红薯易煮烂，所以等咖喱鸡煮得差不多才放入；把红薯炒过之后，红薯也不易在咖喱汤内碎开。

咖喱鸡猪红红薯锅要煮大约一个小时，煮好之后收火，收火后把椰浆加入拌匀，椰浆过火易老，过火之后咖喱就不滑口了。一切就绪，就把罗勒撕成小段放在咖喱上增色增味。

糖糖在社区中心的厨房做示范，时值午饭时间，整个社区中心都飘浮着咖喱和春卷的香味，引得中心的职员都围过来分一杯羹。我说这里没有免费午餐，吃完之后每个人都要做一个口头报告。在报告未开始的时候，猪红早已被消耗掉了，鸡肉还留下少许。大家开始试吃猪红和鸡肉的时候，糖糖请大家尝试一个简单的蘸汁。蘸汁用青柠、指天椒碎和一点盐拌成，但简单直接的蘸汁配合清淡的咖喱猪红和鸡肉，便为大家的味觉开拓了一个新境界！我拿起一片连锁店出品的法式面包，别人蘸着咖喱来吃，我则作个状陪大家；吃一片，但觉味如嚼蜡。

越式咖喱

1 先把鸡切块

2 然后把咖喱糕、鸡粉、糖、少量盐与鸡块搅拌好，腌制 20 分钟。

蒜　辣椒　香茅上半部

3 另一边烧好油，并放入蒜、辣椒及香茅头切成的蓉，炒至金黄色。

香茅下半部　　已腌鸡块

4 把已腌好的鸡块和香茅尾下锅炒至半熟。

5 再把半熟的鸡块放入另一个煲里

洋葱切片　　红薯切块

6 趁锅上还留有咖喱，便放入洋葱和红薯炒至半熟。

鸡血

7 另一边在煲里注入清水及放入鸡血，使咖喱像汤一样。

8 炆一会儿

半熟洋葱　　半熟红薯

9 然后放入半熟的洋葱和红薯

10 再炆

罗勒

11 当材料熟透和咖喱汤变浓时，便加上少量盐调味。

12 熄火后才可以倒入椰浆搅拌

13 最后在热烘烘的咖喱上放上数片罗勒，唤出香草的香味。

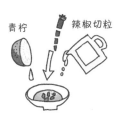

青柠　辣椒切粒

14 另外做一个酸汁，用来蘸咖喱鸡肉及鸡血吃，味道特别鲜甜好吃。

15 咖喱鸡和猪红固然好吃，咖喱汁更可蘸在法式面包上吃。

16 稀稀的咖喱汁，我觉得最好还是捞饭吃。

越式春卷不败之谜

　　越式春卷分炸与不炸两种，我们在香港只会吃到越式炸春卷。根据糖糖的观点，香港越式春卷不好吃是因为它们已经变成港式越南春卷，失去了越式风情。其实香港的美食，除了广东传统，也有很多是融合了世界各地美食而创造出来的，不一定都不好吃。看完了糖糖制作的越式春卷，坦白说我不能破解糖糖越式春卷的不败之谜。也许纯粹是出于她的一双手，哪怕她在越南煮香港菜，也会一样好吃吧；然而，各位看官仍可从以下的记录，看看是否可以找出一点端倪。

　　越式炸春卷的材料主要是猪肉和虾。猪肉要免治猪肉，虾要去壳切碎，但不必做成虾胶。先把猪肉和碎虾肉加入切细的洋葱条，然后以鱼露、胡椒粉加以调味后，放在一旁。

　　蔬菜配料则有甘笋、芋头、粉丝与木耳。粉丝与木耳预先浸透水，因为要配合其他配料制作春卷的馅料，软身木耳要切成很细的丝，粉丝则剪成小段。甘笋、芋头也要切成细丝；把所有配料放在碗内，拌入一个蛋的蛋浆。

　　越式春卷的春卷皮用米纸，而不是广式的春卷皮，米纸可到泰式或越式食品杂货专卖店购买。米纸白色而透明，干而硬脆，使用时要先在米纸上扫一层水，待米纸吸收了水分后回软才可以包春卷。糖糖说炸春卷的米纸要扫砂糖水，因为有了糖分米纸易上色，米纸炸时会变成金黄色，特别好看。

　　现在把腌好的肉和蔬菜配料混合，把米纸放平，把材料放在米纸上卷起来。材料不能多放，太厚重难卷，也难炸透。把材料摊成长条状，先把米纸

左右对合，然后从底部卷起，一条结实浑圆的春卷便成形了。

　　这时烧开滚油，把春卷一条一条放入滚油内炸，不时翻动，让整条春卷都均匀地受热。要是春卷开始变金黄色和浮在油面，则表示春卷差不多熟了。把春卷从滚油内取出，滚油仍然要保持滚热，不能收火，因为春卷离锅有先后，油温一降，留在油内的春卷就会入油，春卷便不好吃了。

　　免炸春卷的内容与炸春卷差不多，但猪肉和虾肉都是预先煮熟。猪肉用腩肉切薄片，虾则用整只小虾。配料则有：罗勒、芽菜、檬粉、韭菜、生菜叶。九层塔只要绿叶，韭菜切长段，生菜叶留待卷着春卷来吃。

　　包免炸春卷的米纸要扫水或者用湿布盖一段时间，待米纸变软，这次扫米纸的水不必用糖水了。把米纸放平，先放腩肉片及熟虾，然后放芽菜及九层塔，最后加上檬粉。先把左右两翼的春卷皮对折，然后从下往上卷起，卷到一半，把一段韭菜放在米纸卷内，但故意露出一条青色的尾巴来。

　　两种春卷都用同一种蘸汁。糖糖说越菜是很随意的，桌上有什么就配什么来吃，你喜欢怎样配都可以。蘸汁材料是白醋、青柠汁、蒜蓉、辣椒蓉、甘笋丝、糖和鱼露。

越式炸春卷

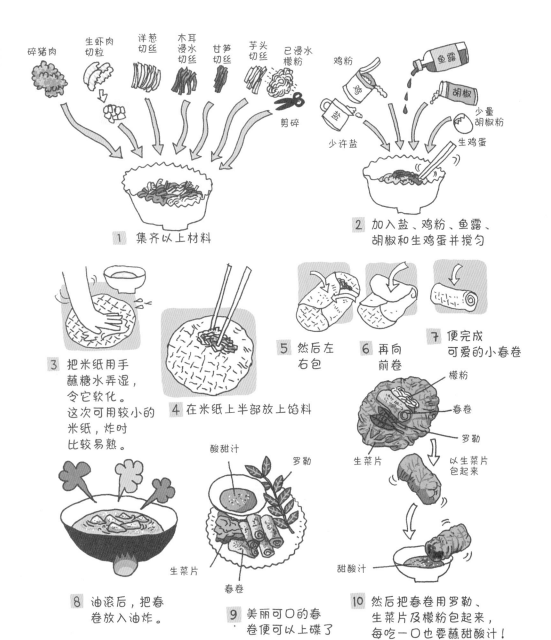

碎猪肉　生虾肉切粒　洋葱切丝　木耳浸水切丝　甘笋切丝　芋头切丝　已浸水檬粉

剪碎

鸡粉　鱼露　胡椒　少量胡椒粉

盐　少许盐　生鸡蛋

1 集齐以上材料

2 加入盐、鸡粉、鱼露、胡椒和生鸡蛋并搅匀

3 把米纸用手蘸糖水弄湿，令它软化。这次可用较小的米纸，炸时比较易熟。

4 在米纸上半部放上馅料

5 然后左右包

6 再向前卷

7 便完成可爱的小春卷

檬粉
春卷
罗勒
生菜片
以生菜片包起来
甜酸汁

酸甜汁　罗勒
生菜片　春卷

8 油滚后，把春卷放入油炸。

9 美丽可口的春卷便可以上碟了

10 然后把春卷用罗勒、生菜片及檬粉包起来，每吃一口也要蘸甜酸汁！

越式免炸春卷

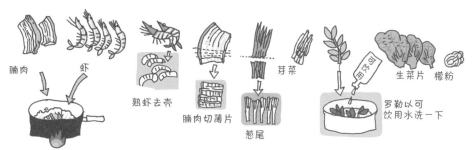

腩肉　虾

熟虾去壳

腩肉切薄片

葱尾

芽菜

罗勒以可饮用水洗一下

生菜片　檬粉

1 把腩肉和虾煮熟

2 准备虾、腩肉、葱、芽菜、罗勒、生菜和檬粉等馅料

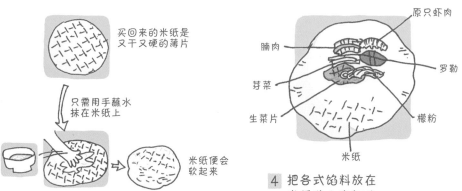

买回来的米纸是又干又硬的薄片

只需用手蘸水抹在米纸上

米纸便会软起来

3 准备米纸

原只虾肉

腩肉

罗勒

芽菜

檬粉

生菜片

米纸

4 把各式馅料放在米纸的上半部分

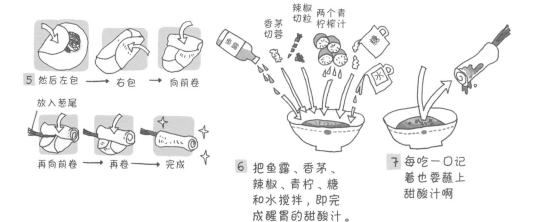

5 然后左包 ➞ 右包 ➞ 向前卷

放入葱尾

再向前卷 ➞ 再卷 ➞ 完成

香茅切蓉　辣椒切粒　两个青柠榨汁　糖　水

6 把鱼露、香茅、辣椒、青柠、糖和水搅拌，即完成醒胃的甜酸汁。

7 每吃一口记着也要蘸上甜酸汁啊

午睡后糖水

　　香港人晚饭后吃糖水，消夜吃糖水，越南人是睡了一个午觉之后吃一碗糖水。消夜不是天天吃，午后糖水却是越南人每天必然的程序。糖糖为我们送上一款越式糖水和一个甜品。原来，越式甜品离不开椰汁，每一道糖水和甜品都加入适度的椰子汁，然后本来是平面的糖水就会变得立体起来。甜味本来只是舌头的感触，椰汁除了增加糖水和甜品柔滑的口感外，它还让空气中飘满椰子的清香，有了不起的功效。

　　木薯糕不难做，但木薯不是容易找到的材料。糖糖四处碰运气，终于买到3斤又贵，但品质又不太好的木薯。木薯有点似山药，做木薯糕要把木薯磨碎。先把木薯的外皮撕去，然后用磨姜器把木薯磨成泥。木薯心有一条粗硬的纤维，小心不要磨去，尽量把它分离丢掉，以免影响木薯糕的口感。

　　木薯泥加点盐，糖糖说可以带出椰子的香味，然后随个人口味加入砂糖和椰浆。有时因为木薯的新鲜度不同，磨出的木薯泥会带有不同的湿度，椰汁用量就要作调整。这次糖糖磨出的木薯泥很干，没有多少水分，所以多加一点椰汁，调成给婴儿吃的饭糊般浓稠即可。如果水分过多，木薯糕烤好之后就不够有弹性。

　　木薯糊放入烤盘，烤盘先放锡纸及扫上薄油。烤箱预先加热10到15分钟。然后把木薯糊扫平，烤箱调校到180℃到200℃之间，大概烤30分钟左右。烤好的木薯糕淡白金黄，椰香四溢，等放凉了后，用刀分成小块，吃着觉得似吃啫喱糕，口感滑腻，木薯味甜中带甘。吃惯甜味浓重的小朋友可能

需要一个适应期。对大朋友而言，没有蛋和奶为材料的木薯糕会是一个新鲜的经验。

　　三婆糖水名字起得则有点古怪，糖糖说就是三婆这个人创作的糖水。她没有见过三婆，糖糖的妈妈也没有见过，大概三婆糖水就好像麻婆豆腐里面的麻婆，豆腐吃得多，麻婆却未见过。

　　相对于广东传统的糖水，三婆糖水有个颇为复杂的制作过程。先说材料有木薯粉条、花生、去皮绿豆、红薯、木耳、希米、香兰叶和椰汁。

　　先煲花生及去皮绿豆，再加入红薯、木耳丝、西米及香兰叶。糖水收火后才加入椰汁，因为煮久的椰汁会出油，糖水便会失去软滑的口感。三婆糖水的味道有点像"喳喳"（一种广式甜品）但又不是"喳喳"，它比红薯糖水有更丰富的口感；又绝无绿豆沙的感觉；木耳丝虽然不多，但令到糖水有爽脆的口感；西米与椰汁总的效果是：又香又滑。

木薯糕

1 先刨去
木薯皮

2 再磨成蓉

3 木薯芯不要

4 把少量盐、适量砂
糖和椰浆倒入木薯
蓉中

5 搅匀

6 在焗盘上铺
上锡纸和抹
上生油

7 把搅好的木
薯蓉平均倒
入焗炉盘中

8 烤箱用200℃
预热15分钟,
然后把木薯蓉烤
约30分钟,
至表面金黄色。

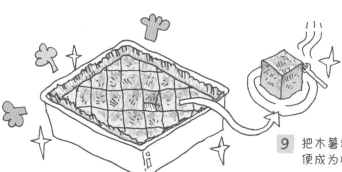

9 把木薯糕切成一片片,
便成为精美的甜点了。

三婆糖水

木薯粉条
以温水浸透
变软

花生
先要浸透

去皮绿豆
浸透

红薯
切块

木耳浸软
切细条

西米
浸透

香兰叶
洗净

1 先煲花生至
熟透

2 再放去皮
绿豆

3 待绿豆和花生
变松软，再落
红薯、木耳和
西米，滚 10 分钟。

4 然后放入
香兰叶

5 熄火后，加入
椰浆搅拌即可。

6 三婆糖水便
大功告成了！

开年围吃笮
年餸

　　中国人着重好意头，过年要有笮年餸，为何要在年终之日，煮一些食物，等到新一年到临才可以吃呢？是年年有余之意还是节俭保留之风？糖糖在潮州、鹤山和越南三种文化下成长，无独有三，三个文化都有笮年餸。糖糖为我们示范越式椰青卤肉和鹤山的酸姜萝卜炆鸭。在一片恭喜发财之声中，让我们来一次精神聚餐吧！

　　先说椰青卤肉的作法，糖糖说越南笮年餸除了卤肉外，还有一只很大很长的粽子。但是这一刻在香港实在难以筹办，所以只示范一种越南笮年卤肉。据我观察试吃团的表现，这道菜的特点是香浓而不肥腻，原因何在？因为炆腩肉用椰青水，而不是清水。椰青水炆猪肉，肥肉都变得清爽，但卤肉汁仍然浓郁，很好送饭。

　　简单来说，五花腩切块用红洋葱蓉、蒜蓉、鱼露、砂糖腌两小时；另一边把鸡蛋白水煮熟去壳。用油起锅，加砂糖再加腌好的腩肉爆香。爆香腩肉后便加入椰青水和原只鸡蛋数个和两条原条红辣椒。腩肉炆得酥软可以上碟，但不必把椰青汁炆干，那两条红辣椒虽然没有什么辣味，但辣椒的香味已在其中了。今天糖糖的儿子到场旁观，除了懂得走动占地利拍照外，他对越式卤肉里的鸡蛋似乎也情有独钟，糖糖问："你吃了多少只鸡蛋了？"他笑笑不置可否，又在碗里挑出一个卤肉蛋来！其实我一直在看，他默默耕耘了3只。

　　酸姜萝卜炆鸭这道菜需要一只全鸭，最好是新鲜的，退而求其次是冰鲜

的，然后是冷冻的……鸭身要用老抽、糖、生抽和姜蓉加以按摩，连鸭腔肉都要照顾到。大概按摩5到10分钟就基本满足了。

鸭放在一旁，把大量的萝卜及老姜刨薄片，分别加入少量的盐拌匀出水，脆硬的萝卜片及老姜片会软化。软化后用水洗再用力压出多余的水分；脱水后的萝卜片及姜片加入白米醋及白砂糖的溶液，大概是一碗白醋加两汤匙砂糖，让两者一起吸收甜酸的糖醋液。

腌好的鸭放在油锅内反复煎香，一面煎一面翻转，好让鸭的全身都爆香，这时不单鸭身金黄，而且渐渐变得圆满起来。传统上，煎好的鸭会先用来拜神，神祇及祖先分享了之后才到一家人食用。

拜过神的鸭切块，在锅内收干血水，炒香后才加入清水把鸭块炆熟。待鸭块酥软后，就可以加入酸姜和酸萝卜，再把酸姜、萝卜煮滚便基本完成；不过这时可以加一个生粉水收一收水分，让入味的酸汁可以充分蘸附在鸭块上。试吃团一面吃鸭肉，一面吃酸姜萝卜片，一面又去夹越式卤肉，甚至两个餸的味汁混合使用，实时进行味觉的文化交流。他们说："都说多元化好。"想不到入味的越式卤肉汁与鹤山酸姜萝卜鸭是那样的合拍。糖糖事前说过，最先被消灭的是酸姜萝卜，然后才是鸭块，她又一次言中了。

酸姜萝卜炆鸭

1 鸭身以老抽、生抽、糖及姜蓉按摩5至10分钟。

2 把萝卜和老姜片刨成薄片，加入少量盐拌匀出水，令它们软化。

3 用力压出萝卜片和姜片的多余水分

4 或放进纱网袋，在洗衣机搅拌中脱水。

5 在脱水萝卜片和姜片中加入白米醋和砂糖

6 把腌好的鸭放在油锅内反覆煎香，然后拿去拜神。

7 拜神后，把鸭放入清水炆熟至松软。

8 再放酸姜片、酸萝卜和生粉水。

9 这道菜，酸姜片和萝卜才是主角呢！

椰青卤肉

1 五花肉切块,用红葱头蓉、蒜蓉、鱼露及砂糖腌两小时。

2 另一边煮鸡蛋,然后去壳。

3 用油起锅,加砂糖并把腩肉爆香。

4 爆好肉后,加入椰青水和鸡蛋,再放两条原只辣椒。

5 然后盖上煲盖炆,但不要把椰青水炆干。

6 像卤水般浓郁的椰青水,把肉煮得又甜又可口又不油腻。

伴碟

替椰子平反

香港人爱椰青，据说很清热；但是椰子肉则相反，它是性温能补虚的，所以有一味广东汤是椰子煲鸡汤，对于好吃生冷的香港人肠胃来说，椰子有很好的食疗作用。

椰子油则含丰富的饱和脂肪酸，比猪肉更高，所以一直被视为都市人不应使用的食用油。热带地区如菲律宾、越南和南太平洋岛国的居民传统上依赖椰子油作为食用油及治疗疾病。医学与现实出现矛盾的现象：热带地区居民愈是依赖椰子油作为食用油，愈是没有心脏病、血管闭塞等疾病。

后来有其他研究指出饱和脂肪酸可以有不同的结构，椰子油的脂肪酸是中链饱和脂肪酸，与长链饱和脂肪酸在人体的化合作用截然不同。椰子油内的饱和脂肪酸有过半数是中链饱和脂肪，这种脂肪酸结构细小，很容易被人体吸收和消化，可以很快转化为身体活动所需的能量，不会以脂肪的形式在血管集结，也不会影响血小板的浓度，跟动物性油脂是完全两回事。相反来说，椰子油的功效正是减少心血管疾病发生，而且有预防骨质疏松的功能，正好扶了现代人一把。

除了中链饱和脂肪酸，椰子油内还含有其他有益人体的物质，例如月桂酸。它是母乳的重要构成物之一，有些婴儿食品内都会添加椰子油。喂食母乳的婴儿在出生后3个月内，很少感染细菌引起的疾病，主要原因便是因为月桂酸的存在。月桂酸被人体吸收后，会转化为单酸甘油脂，它们具有很强的杀菌作用。一般细菌和病毒的细胞表面都有一层细胞膜包围起来，但单酸

甘油脂可以渗透细菌细胞膜，破坏细菌和病毒的 DNA 及 RNA。

其实很多细菌疾病或者真菌感染的问题如癣疥，都可以外用和内服椰子油来对付，相对于使用类固醇和抗生素，椰子油有更好的功效及免除不必要的副作用，例如增加细菌的抗药能力。南太平洋岛国的居民在炎热的气候之下，主要是利用椰子油来抗晒和防病。

总的来说，椰子油是很好的食用油。食用油可以加热也可以不加热食用，但是不同的油脂耐热程度不同。中国人煮食好谈锅气，锅的热与不热主要看白锅有没有冒烟，冒烟后才可以加油。这时油脂很快受热，并且开始起烟，炒菜就要等这个时刻才把蔬菜放在锅里。油起烟就是油脂受热的最顶点，然后因受热而起化学变化，花生油、菜油都是不太耐热的油脂，起烟后便产生致癌物，而比较耐热的油脂则有山茶油、橄榄油和椰子油，需要200℃以上才起烟；所以如果烹调时需要高温的话，使用山茶油、橄榄油和椰子油更理想。很多健康食品店都有南瓜子油出售。南瓜子油不耐热，很易氧化，但它含有很丰富的养分，所以南瓜子油一般是用作沙拉油使用，开封后也需要冷藏。

马田太太说得一口流利的广东话。
从小在香港长大，她比其他移民到香港的
巴基斯坦人更能掌握本地的生活节奏，
同时又把家乡美食传承给下一代。她说
"为家人煮食，Everyday is festival!"

马田先生

马田太太

儿子

女儿

巴基斯坦香甜饭

　　我们踏入天水围马田先生的家，不约而同"哗"了一声！他们住一个大单位，厅中有厅，房中有房，而且地上都铺了地毯。马田先生是巴基斯坦人，在巴基斯坦是富户。马田太太说夫家的人到香港探望他们，家婆一进门就忍不住哭了起来！我们哗一声是说他的家真不赖，他母亲却说："儿啊，你为什么住在这块'豆腐干'内！"马田先生给我们看巴基斯坦家的照片，一个房间大过香港一个公屋单位。我问马田先生为什么要住在香港。他说因为香港有规则！哎呀，廉正公署的宣传片要找马田先生真人表白才对。

　　马田先生一家是回教徒，用丝巾包着头的马田太太除了料理一家人的起居饮食，还会到社区中心示范巴基斯坦家常菜。我对巴基斯坦一无所知，问马田太太哪道菜可以代表他们，马田太太想也不用想就说出："咖喱鸡！"还有，马田太太抬头想一想，roti 和甜饭。Roti 是一种麦饼，甜饭不必等节日才吃，咖喱鸡是吃不厌的。这次我们先介绍甜饭。下文我们再介绍咖喱鸡、麦饼和其他巴基斯坦美食。

　　马田太太说天水围这个社区有数百户巴基斯坦人，在元朗有巴基斯坦小商店，她的日常食品，很多都从这间小店买；而且他们是回教徒，肉食要经过指定的屠场生产和经过特定的回教仪式之后才可以食用，所以他们很少出外用餐。这天，马田太太从杂货店买了印度香米来煮甜饭。印度香米是印度和巴基斯坦接壤地区出产的稻米，被喻为米中之王，它拥有独特的米香味，让人一试难忘。煮甜饭的第一步是煲潮州粥，一份米加入三份滚水里煲，要

求有风味则一定要加几粒豆蔻同煮；不过米要半生不熟就离火，然后倒出来沥去水分。

煮米的时候，马田太太开始用很多白砂糖加水煮开一个稀稀的糖浆。当半生熟米离火隔水后，便趁热倒回锅内，再把糖浆和生油加入一起拌得均匀。这时半生熟米开始吸收糖浆，同时可以用最细小的火慢慢加热甜饭。

甜饭最精彩之处不是加了大量的糖，而是它的配料有很多干果和悦目的颜色。颜色是食用色素，以绿、橙和红为主。我不知这些食用色素是化学合成还是天然提取，看来是化学合成居多。如果要替代的话，可以用甘笋汁、小麦草汁和红菜头汁来代替，需要黄色的话，买一块姜黄就可以。干果则是原粒大杏仁、腰果、开心果和青提子干。甜饭拌好了糖浆，可以在不同位置上随机加上不同色素，再把各种干果撒在饭面上。这时候只要加上盖，细火慢慢加热半小时左右，半生熟的饭便完全煮熟，而且还吸饱了糖浆。我想巴基斯坦的小朋友看到一锅甜饭一定会很雀跃，颜色美丽，又满是干果。

马田太太将煮好的甜饭上下再拌一会儿，干果与三种颜色在白色的印度香米上各就各位。这天我们模仿巴基斯坦的习俗席地而坐，分享马田太太准备的美食。马田先生说现在很多人都习惯坐在餐桌上吃饭了，不一定坐在地上。回教徒生活有很多规矩，对于美国文化也有很多意见，然而我们地上却放着1.5公升的可口可乐，我吃一口五彩缤纷的甜饭，饮一口美国的汽水，哎！不弹此调久矣！

巴基斯坦甜饭

1 先将砂糖倒入
开水中

2 又把数粒豆蔻放
入糖浆中出味，
记住要时常搅拌
以防煮糊。

黏稠状

3 糖浆煮好
后便可以
熄火

芥花子油

4 然后倒入
适量芥花子油

CHARMINAR

5 之后便是把印度米
洗净，印度米的特色是
煮好后饭粒较散，
比中国米少了黏性，
但饭味很香。

巴基斯坦人
爱用的煲

6 把洗好的印度
米放入煲内，
并倒入清水煮沸。

7 当饭煮至半熟时，
便倒出来并隔水。

8 然后把半熟的米
饭和糖浆搅拌好

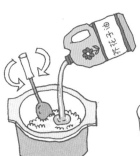

芥花子油

9 并倒入适量
的芥花子油

少量粉末

适量水

10 然后准备由植物提炼
而成的染色粉末，
并用水稀释至理想
颜色。

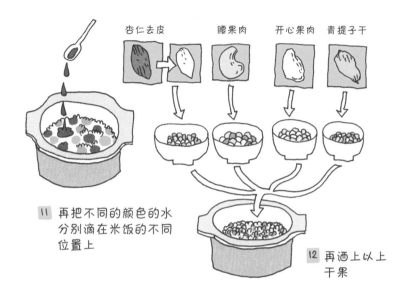

杏仁去皮　　　腰果肉　　开心果肉　青提子干

11 再把不同的颜色的水
分别滴在米饭的不同
位置上

12 再洒上以上
干果

13 然后用布封好煲
盖边再煲一会儿

juicy　　　　　　juicy

14 当饭全熟后，
便放入红色及
绿色的糖腌水果，
然后再把所有配料
搅拌。

15 搅拌好后，干果、
糖腌水果以及不同
颜色的饭粒便有如
彩虹般呈现眼前，
是一道相当有质感
的美食。

巴基斯坦
Biryani

　　我觉得很多人都误会 Biryani，因为我本来想查找它的中文译名，竟然遍寻全球网站不获，倒是看到很多博客和美食家写的食经说它的历史和炮制方法，就是很多香料做成的有肉炒饭。为什么很多人会以为它是炒饭呢？可能大部分人都不知道，被人误解的 Biryani 是用印度香米为材料的。印度和巴基斯坦人煮这个香米的文化不像华人或者日本人煮饭一样煮得香软，他们要求爽口的米饭，就是可以一粒粒从饭勺上跌下来的饭。Biryani 像我们煮煲仔饭一样，收水后慢火上盖烤 15 分钟，延长后熟的过程，让香米与肉汁互相渗透，吃的时候肉有饭香，饭有肉味。

　　Biryani 的做法跟示范的咖喱鸡很相似：先放油慢火煎香洋葱粒，然后再下各种配料，如蒜蓉、姜蓉、西红柿粒；不过这次香料不是加入 Garam Masale，而是一盒现成的 Biryani 香料包。我特意留下本来被马田太太丢掉的包装盒，上面的成分是：盐、红辣椒粉、香菜、小茴香粉、姜黄、丁香、玉桂、玉桂叶等，以及各种人造色素和防腐剂。对看一下，这些香料又与上次的 Garam Masale[1] 很相似。香料再与洋葱粒煮一会儿，又加入茄子粒、羊肉和奶酪。水分干得差不多后，再放入新鲜的香菜段和鲜柠檬汁，整个过程维持慢火要不时搞动锅内的肉和香料，免得烧焦。鲜羊肉是很难煮得松软的，所以这个肉饭用了差不多两个半小时才完成。

　　羊肉在香料里打煮，另一边则是水煮印度香米。印度香米先浸入冷水 20 分钟，再放入开水内煮 15 分钟，米只煮七成熟，倒出来隔去水分。羊肉差不

多了，一半留在锅肉，取出一半备用。把一半的米饭倒入锅内的香料羊肉上，扫平，加入一点橙色食用色素，然后切5、6片柠檬在米饭上，再取出备用的羊肉放到刚放了柠檬的饭上，放好了，把余下的米饭盖在肉面上，同样扫平，又放上数片柠檬。最后的程序是加盖用慢火再烤15分钟左右，等那三成生的香米都变为熟饭，肉汁和香料也渐渐渗透到米饭当中。上桌前，马田太太把锅内的肉和饭先拌均匀才上碟，一个吸收了肉汁又干爽的有肉烤饭便完成了。

1. Garam Masale，印度的一种常用调料，由不同研磨的香料组成，使用的时候，要在动、植物油中炒出香味再放入其他食材。

Biryani

1. 先用生油爆香洋葱粒、姜蓉及西红柿粒，直至变成金黄色为止。

2. 然后加入 Biry-ani 香料包，继续以慢火煮并不时搅拌。

3. 再加入茄子粒、羊肉块及奶酪，然后搅拌。

4. 当水分干得差不多时，再放入新鲜香菜和柠檬计。

5. 另一边要煮饭，首先以冷水浸印度米 10 分钟。

6. 再放入大开水煮 15 分钟，米只煮七成熟。

7. 然后隔去水分

8. 先把羊肉及饭取走一半，然后和把余下的一半饭放在锅内的酱计与羊肉上，并且铺平。

9. 再在饭上不同位置滴上橙色色素

10. 并在饭上放上数片柠檬切片

羊肉及酱汁

11 然后再铺上另外一
半的羊肉及酱汁并
且抹平

12 之后再在羊肉
及酱汁上铺
上余下的一半饭

13 再在饭面上滴上橙色
色素和放上数片柠檬

14 盖上煲盖，
用慢火焗
15 分钟。

15 饭全熟后，
便把酱汁、肉及
饭全部搅拌好。

16 色香味俱全的
Biryani 便
大功告成了！

这个焗饭
好像把我
带到巴基
斯坦呢！

巴基斯坦咖喱鸡

　　马田太太说最喜欢的中国食物是饺子、鱼蛋和蒸鱼，似乎都不算是味道浓厚的菜式；而巴基斯坦人自己最喜欢的食物就是咖喱鸡，或者以咖喱为主味的肉食，例如咖喱牛肉。当然，味道浓厚的咖喱最好配麦味香甜的薄饼。这天访问团坐在地上，撕一片薄饼，夹起咖喱汁和鸡肉。我有点疑惑，热带气候的亚洲都似乎有咖喱，我们也报道过越南咖喱、泰国咖喱。一般来说，煮咖喱要用咖喱糕，这又有红、黄、绿咖喱之分。现在虽然主人家都说是咖喱鸡，但我怎样看它也不像是咖喱。我们见不到咖喱糕、咖喱粉，也没有椰汁和土豆。

　　巴基斯坦咖喱的煮法因人而异，然而还是有些基本的原则和配料，使人尝一口便明白它的源头是哪一个地区。以下就是大部分巴基斯坦以至印度很多地区煮咖喱鸡的步骤：材料有洋葱粒、西红柿粒、葱、香菜种子粉、甜青牛角椒、姜蓉和蒜蓉。先放大量的油起锅（其实马田太太不用锅，巴基斯坦人也不用锅，而用一个像是电饭煲一样的不锈钢锅），放入洋葱慢慢煎成金黄，加少量水，再放入姜，然后蒜、西红柿粒、盐、辣椒粉、香菜种子粉，慢火煮15分钟左右。等到油都浮上面，然后才加入鸡肉。我看过一些资料，很多厨师对于把以上材料放到锅内的先后次序也有讲究，不同香料的比例也会不同，以突出厨师对食材配搭的心得和风格。

　　鸡切成大块的鸡块，慢慢在香浓的洋葱酱汁内煮熟。用小火，是避免水分太早煮干。马田太太说这个时候不会加盖，加盖则是蒸鸡了。30分钟后，再加入一点 Garam Masale（有译音为：加莱姆马萨拉）、香菜种子粉和 methi 粉（葫芦巴粉）。这些香料都加入了以后，拌匀，可以加盖了，煮一会儿，不能过久，因为 Garam Masale 的香味会因久煮而散失。

可以说，这道菜的灵魂在于 Garam Masale，因为巴基斯坦咖喱之所以被称为咖喱，不是因为洋葱或其他材料，而是在于最后加入的香料。这个与我们买现成的咖喱糕、咖喱粉煮汁很不同。Garam Masale 这种混合多种香料的香料粉也有现成的可买，但是口味就很大众化，缺乏了个人风格。同时有些商人会加入黑胡椒粉，但黑胡椒粉的香味很易氧化，所以吃黑胡椒很多时都是现磨来用。厨师为了寻找自己的风格和凸显各种食材的特性，也会因不同材料而配制不同比例的 Garam Masale。一般来说，它可能包括了辣椒粉、姜粉、干蒜粉、芝麻粉、芥花子粉和小茴香粉等。

巴基斯坦咖喱鸡

蒜粒

1 先把蒜切粒，加生油边搅拌边煎，直至变金黄色。

西红柿粒

自制冷冻姜蓉

辣椒粉　莣茜粉

（红色）（啡色）

黄色

turmeric
芥子粉

2 然后把姜蓉加入蒜粒中煮

3 并加上西红柿粒一起煮。稍后加入少许盐，以及三种颜色的香料。

4 再边加葱粒边搅拌，即成为香浓的咖喱汁。

5 然后把已切块的鸡块放入咖喱汁中煮，以及不断搅拌，令鸡块更入味。

6 当咖喱汁差不多干时，再倒入大概一杯水再搅拌。

7 然后盖上煲盖再煮

garam masale
加莱姆马萨拉

莣茜种子粒

葫芦巴粉
methi

青椒粒

莣茜

8 当鸡块半熟时，倒入青椒粒、莣茜及以上香料，然后再搅拌。

9 当咖喱差不多干时又再倒入食用水搅拌

10 然后盖上煲盖，再重复上一步骤直至鸡块完全入味和熟透为止。

11 美味香浓的巴基斯坦咖喱鸡便完成了！

巴基斯坦薄饼

　　大概一般人都会把 roti 翻译为薄饼或者麦饼吧。中国北方的饼，南方人可能称之为包；例如北方的葱油饼，相对于香港人饼干的饼，其实算是一个包，包着很多葱和油。我刚好从外国买了一本书回来，书名为：Flatbread，意译即为平平的面包。Roti 是平面包的一种。

　　面包，一般指外表圆圆，经过酵母的"耕耘"，用烤箱加热而变得轻松香软的东西，这是白种人的发明。面包的种类很多，有一般的面包和平平的面包，这是以外形来说的。面包需要发酵，好的或不好的面包是从发酵的技巧来判别的。发酵技术不够的面包圆而扁，不松软。平平的面包虽然扁而平，但也有发酵与不发酵的分别，而巴基斯坦的麦饼即属于不必发酵的那种平平的面包。不发酵的面包，或者叫饼吧，加热的时间很短，也不必用烤箱，家里的铁锅、一块铁片、加热一个泥坛或砖头，总之把这片薄薄的面团加热到香喷喷就是了。根据 Flatbread 这本书的资料，不用发酵、不必烤箱的平平面包或者薄饼主要在亚洲出现，而欧洲传统上是做那种把发酵面团放入烤箱的面包。

　　马田太太说用印度或者巴基斯坦产的小麦磨的粉做麦饼最香，我还未吃遍地球的麦粉，难以附和。她把面粉和面团（一种比较干的面团）用双拳压开成片状，卷起，再压，如是重复5至10分钟，搓回球形便可放在一旁，待面团自由发挥一下，休息一下。20分钟到一个小时之后，可以把面团再取出，再搓数次，跟着就可以把面团分为一个个小等份，用面棍压成薄片，然后放

在铁器上烙熟。马田太太的铁器是一块有手柄的圆铁片，很简单。

将面团放在已加热的铁片上，面团很快就会起气泡，这时把面团翻转面再烙，分散的气泡会一下子因热力而胀起来，成为一个大气泡，像是滚油里的煎堆一样。马田太太手拿一块毛巾，一边印在薄饼上一边转动薄饼，大气泡胀起来又被压下去。马田太太说这样用毛巾压转薄饼，它会很快熟，而且受热均匀；用毛巾是因为用手会烫伤。每一块香软的薄饼只要数分钟的时间便烙熟。相对于烤面包而言，它的确节省能源。我们在家里烤面包，单是预热烤箱的时间就要一个小时，而且需要把烤箱加热至220℃才可顺利烤透面团。

没有发酵的薄饼虽然扁平，但是却可以烙得很香软，因为麦饼烙热时会起中空气泡，所以它也可以让你把美味的咖喱汁和各种材料塞入麦饼内一并食用，或者随手撕一片，往咖喱汁一夹，连汁带肉一起夹起来；吃咖喱没有这块薄饼真不行。

巴基斯坦薄饼

1 把印度出产
颜色较深的面粉
倒入盘中

2 加入少量水，
然后用手搓。

3 搓面粉的手法就像
推拿一样，由下而上
用拳头逐部分按下。

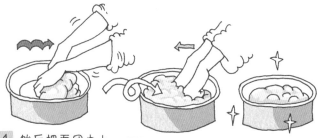

4 然后把面团由上
而下折叠三下。

5 翻转面团，
再重复上述两
个步骤几次。

6 直至面团有
弹性为止

7 然后盖好面团
并放上10分钟

8 之后用生油涂
在薄饼上加热

9 另一方面
准备一团
面团

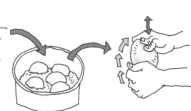

10 然后放入有
干面粉的
罐子内

11 再把面团压
成面饼，并边旋
转边压阔面饼，
直至压至手掌
般大。

面粉

12 然后把面饼
放在砧板
上进一步擀大，
不时要洒上面粉。

13 最后把面皮拿
起来，用双手抛来
抛去，把面皮抛
至更薄。

14 放在薄
饼锅上烧

15 不时转转饼身

16 并手握毛巾压
在饼边旋转，
这时饼上开始
有气泡及焦痕。

17 然后翻转另一
面再烧，这时可
见已烧好的一面
有一些焦痕。

18 再以毛
巾压于饼上
并旋转

19 当薄饼差不多
烧好时，饼身
会像汽球一样
膨胀起来。

20 当反复烧好上下
两面并带有焦
痕时，便可以放在
一旁。

21 当正在烧第一
件后，便要准
备第二件的粉
团了。流水作业
的做法很快完成
了一叠薄饼。

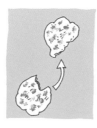

22 当吃的时候，
撕出一小片薄
饼皮

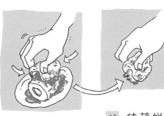

23 然后用手拿
着薄饼并扯
走鸡肉

24 使薄饼内夹着
鸡肉和蘸上
咖喱汁

伴碟

丰盛全餐

　　本来与马田太太说好示范两个菜式，采访当天她说共有 5 个示范，几乎做了一个巴基斯坦全餐出来。这次采访团成员中两人缺席，摄影记者赶做另一个工作未及开饭便离开了，我自己及另一"补位"美少女聿子难以大量消耗这个全餐，最后聿子小姐把吃剩的打包拿回办公室与同事分享。除了提到的肉味烤饭之外，马田太太还做了 Pakora，巴基斯坦式的炸杂菜，我问这个菜是否像家庭小菜，她说什么时候都可以吃，但冬天时刚炸好热辣辣配上一杯奶茶和薄饼最美味。炸杂菜的材料有切成小片的土豆和菠菜段，然后拌入大量的黄豆粉，用手搓一会儿，加入香菜粉、辣椒粉、姜黄粉、咖喱粉和盐；加一些水，把材料再搓。黄豆粉吸了水后，会把所有材料变成一团看不清面目的杂菜面团，用汤匙一匙一匙把面团分别放到滚油里炸成金黄色。马田先生在厨房里趁热拿起炸杂菜来吃，马田太太说他最喜欢这样；当我们吃饭的时候，炸杂菜放凉了，炸过的黄豆粉变得软绵绵。Samosa，可能叫做巴基斯坦炸咖喱角吧，内容是土豆配辣椒粉及干香菜煮好的馅，包入春卷皮内，折成三角形，然后放在油里炸。两个热气小菜之后，多添一个清凉沙拉，名字叫 Raita。它是指以奶酪为主，配以其他蔬果做的沙拉。马田太太以煮熟的土豆粒加入黄瓜粒，拌以小茴香的种子，当中还有用盐出过水的洋葱小片及鲜香菜段。因为加了少许盐的关系，这个沙拉是酸中带咸的。

　　然而叫我一试难忘的倒是那个冷冻了的草莓味甜品。它的名字是Falooda。你可以用奶加糖、加一点水果及米粉来煮，吃的时候是很甜的奶昔，内有一段一段的米粉，据说这个米粉不是用麦或米做的，而是用竹薯粉；而这次我尝到的草莓味，应该是摩登时代的产物，古时的奶昔是用玫瑰糖浆来煮的。这天马田太太用现成的奶昔粉来煮，像是我们冲朱古力粉一样，但我不明白的地方是生产商为何不做一种即冲即饮的产品呢？因为里面有米粉？这包奶昔粉马田太太煮了半个小时有余，她说要煮到水分少一点，不能太水汪汪。煮好了，放在冰箱里冷冻起来才够滋味。我尝了一点，化学合成的草莓味与浓得化不开的甜、甜、甜！吃上一口，觉得饥饿感突然间消失了。

基础印度菜

　　我们到印度餐厅用餐，印度薄饼是必然之选，然后就根据个人口味，点选那些分不清材料的美食。你会知道这些小菜里面一定放了很多香料，你也明白很多材料都煮得溶为一起，所以味道香浓但总是分不清它的底蕴。这次Rani 给我们示范的菜式，正是印度家庭几乎每天必备的印度薄饼。她说另一个煮杂菜是用来配薄饼的。她一边煮，把配料放入锅里；一边告诉我印度菜有一些基本材料是不能或缺的，缺少了就没有了风味。

　　Rani 是个很爽快的煮食高手，做起事来干净利落。她告诉我印度菜里面有四个必需的材料就是西红柿、蒜、生姜和洋葱，大部分菜式都以它们"打头阵"，需要它们强烈的香味。先把四种材料在热油里煮得厨房都香起来，才放入其他的材料。Rani 口在说，手在动，左手拿着材料，右手拿着一把小水果刀，不需要用砧板，一刀一刀便把所有材料在手上化为一厘米见方的蔬菜粒。她说有些人用搅拌机打碎材料，但她习惯了用小刀，是从小练熟的技巧。

　　印度杂菜的做法是先把小茴香的种子放在油里慢慢煮 5 分钟，油温让小茴香种子的香味引出来，然后放入印度菜的四种材料。四种材料在油里也需要 10 至 15 分钟的时间，用文火爆出材料的香味。四种材料之中以洋葱粒的数量最多，如果用上两汤匙的蒜粒和姜粒，洋葱的分量大概是一饭碗吧。西红柿也需要用上两大个。把这些材料都煮透，厨房已香味四溢了，再放入一汤匙咖喱粉及辣椒粉，调和一下，便可以放入土豆和椰菜花。上下搅动土豆和椰菜花，好让它们充分地接触到香浓的配料，然后加入少量的水，让它们

煮得熟透。

　　这个浓味杂菜自然让我想到印度薄饼 Chapati。Chapati 是一种不必经过发酵过程的饼食，用面粉加少许盐及水就可以搓，搓到材料黏手，自身有了弹性，表面有了光泽，这个面团就完成了。由于不必发酵，不必放酵母菌，把面团搓好放一整天，它的表面变化也不大，既不会膨胀，也不用担心过度醒发。早上和好的面团，可以一整天（早、午、晚）随时拿出来做印度薄饼。

　　印度薄饼也不难做，它任你搓圆压扁，而最要紧是压扁。压得像精装书的硬书皮这个厚度就差不多了。随便用手抓出一小团面团，体积大概像一个鸡蛋那样大小，手上最好蘸一点油，搓起饼来便干净利落，拿着面团在手中略搓圆，再用双手手指承托着面团，拇指由上往下轻轻顶着，四指在下慢慢往上挤，圆圆的面团就会变成扁扁的一片，再用面棍来回压成薄片，最初的工程就完成。你不必怕太用力做出来的薄饼不松化、不弹牙，不会的。

　　基本上把一块铁板烧热了，你就可以把饼放在它的上面烙，所以一个平底锅、一个炒菜锅，甚至是一个不锈钢容器都可以用来烧印度薄饼。印度薄饼不必用烤箱，但用烤箱也可以，不过要小心烤出来的薄饼太干，失其香软。真正的家常印度薄饼，是用白锅烙成的。玻璃看着它急速地膨胀，它膨胀表示热力足够，热力足够代表烤出来的薄饼够香。

　　薄饼被她压下去，又会再胀起来，整个过程并不长，两三分钟左右，一面烙透了，翻转另外一面又烙，两面都略有焦痕，薄饼便完成了。

印度杂菜

1 先煮油，并放下一些茴香子。

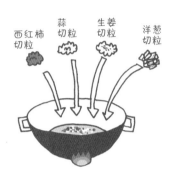

西红柿切粒　蒜切粒　生姜切粒　洋葱切粒

2 当油沸后，便放入西红柿、蒜、生姜和洋葱四种材料必备的材料。

洋葱粒　　西红柿粒

3 把之前材料爆香后，再多放一些洋葱粒和西红柿粒。

辣椒粉　咖喱粉　糖

4 再放辣椒粉、咖喱粉和糖，搅拌成咖喱汁。

5 然后放下已洗好并隔了水的西兰花，边炒边搅拌。

6 健康的印度杂菜很快便完成了！

Papad
薄饼中之最薄

　　在印度餐厅看餐牌时，侍应可能已经为你送上了 Papad。它用一个小篮子承着，有汤面碗口那样大小，如纸般薄，且脆，很香口，入口便化，吃了一块，总想再多吃一块。食欲大增，翻到餐牌饼食那一页，除了基本的 Chapati 外，还有酥油饼。好客、健谈、大方的 Rani 在烤印度薄饼时告诉我，酥油饼跟 Chapati 只相差一个工序，而 Papad 则可以买现成的半制成品。她在厨柜拿出一包买回来加工用的 Papad，教我如何处理；又即席示范了酥油饼的制作过程；于是我们又可以多学两个有趣的印度薄饼，它们简单、入味、有趣！

　　酥油饼的面团跟印度薄饼一样，分别在于把面团压扁时再加入酥油 Ghee。印度用的酥油是以热力慢慢提炼的牛油，是印度很重要的食用油。印度教徒因宗教理由，只用酥油作为食用油。压好的薄饼表面扫上酥油，四边折起来，又压成一片，又涂一遍油，再折再压，其实整个工序的结果是一层一层的酥油错落有致地压在薄饼里；但是酥油其实没有完全融和在面团之内，所以当薄饼放在铁板上烙的时候，酥油便使薄饼变成有多片夹层的薄饼，当你用手撕开薄饼，你就会看到很多一片一片的结构在其中。

　　Papad 就更容易了！我问 Rani 怎样做出来的，连她也不知道，她是买现成的产品的。打开包装，一片一片的 Papad 好像圆而薄的云吞皮，有点水分，处理的方法是把一片 Papad 放在炉火上，以些微热力把 Papad 上的水分去除，使 Papad 变得更轻薄，颜色转浅，薄皮表面也因热力烘干而突起小疙瘩，4、5 秒钟后，Papad 便加工完成了。不过如果把 Papad 直接放在火上，一秒钟它就会烧焦，所以我们需要用铁夹、筷子，或者烘紫菜、鱿鱼的夹网把 Papad 凌空在热空气上加热。成功的制品应该是轻、薄、脆、香而不焦黑。

　　我很喜欢这个 Papad 薄脆饼，访问之后立刻到印度小商店买一些回家。原来 Papad 有不同口味，有原味、香辣、奶酪等。我细阅说明书，它说原材料是米粉、豆粉及其他香料，并不是用面粉做成的。

Chapati

1　准备砧板、钳、滚筒
　　平底锅预热。

2　拿出一团适量的面团，
　　蘸上一些干面粉，
　　放在掌心搓。

3　然后用手
　　搓成面饼

4　随即用滚筒擀
　　至手掌般大

5　这样就可以把
　　面饼放在平底锅
　　上煎了

6　当一面煎
　　好后，再用
　　钳夹至另
　　一面继续煎。

7　薄饼不时会
　　膨胀起来

8　这时便用毛巾
　　把薄饼压下并旋转，
　　皮身便可以平均
　　受热了。

9　当薄饼煎好后，
　　便涂上薄薄一层的
　　牛油即可。

10　煎数片就够
　　一家大小吃
　　了，十分饱肚。

Papad

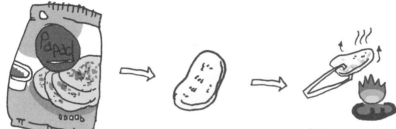

1 买一包预制好
的 Papad

2 一片 Papad 薄薄的

3 用钳夹住并
用火烧一会，
让它边缘有一
些烧焦
便可以了。

4 Papad 很快完成了，
其脆香又带咸的浓味很
适宜当零食。

又咸又香
又脆的薄片，
有点黏牙……

咖喱豆饭与
即食奶冻

　　Rani 知道笔者是个素食者，所以列出的菜式都是素菜。这个我是很感谢她的。在我的经验里，印度菜有很多都是素菜。Rani 的配搭是印度薄饼配杂菜，然后是咖喱豆配白饭，另加一个奶冻。

　　Rani 煮咖喱豆用上了压力煲，20 分钟就可以把去皮绿豆和兰度豆都煮个稀巴烂。我很怕这个压力煲，因为用压力煲而爆煲的事时有所闻。Rani 没有所谓，用压力煲当做锅来烧热油，放入蒜粒、姜粒和西红柿粒。材料烧出香味之后，又加入辣椒粉、黄咖喱粉各两匙，不够味的话，再放入少许盐调味，然后放入最重要的 Garam Masala。这是一种混合了不同印度香料的调味粉，比广东人的五香粉要复杂得多，丰富得多。不久之前我们介绍巴基斯坦的家常菜也提过这种香料粉，现成混好的也有，但不少厨师会有自己的配方，以显示自己的味道取向和风格。

　　加入了香料，最后就加入适量的水和余下的两种豆：去皮绿豆和兰度豆，让它们在压力煲里煮15 至 20 分钟，放入太多水的话，煮好后再打开压力煲的盖继续煮一会儿，让水分略为收干。当咖喱豆的浓度达到做汤太干、做汁太稀之际，咖喱豆就完美了。

　　压力煲在煮咖喱豆，Rani 又忙于做她的奶冻。做奶冻很简单，买一盒奶冻粉回来，先把奶冻粉溶入一部分鲜奶，同时把另一部分的鲜奶煮热，把溶入了奶冻粉的鲜奶倒入热鲜奶内再煮滚，最重要的工作已经完成。这次 Rani 给我们预备的奶冻粉是芒果味的，让热的奶冻放凉，再加入鲜芒果就是很好

的甜品了。这个奶冻不一定要很冻，当是有水果味的奶饮品吧，好像市面的酸奶饮品一样，有奶味、有奶酪味又有水果味的奇异饮品。热饮无妨，冷饮更畅快。

这种奶冻粉我访问巴基斯坦家庭时品尝过，我知道家里的小朋友一定很喜欢。我自己对这种只有甜味而无性格的食物则不感兴趣，加上这个奶粉还要加入很多色素、甜味剂、稳定剂，我觉得不太适合家庭食用吧！但是印度人和巴基斯坦的家庭好像很喜欢这个简单的甜品。

这种冻奶其实是传统的欧洲食品，以鲜奶、蛋黄为主要原料。鲜奶要先煮热，徐徐注入蛋黄液之中，一边倒入、一边搅拌，把这个奶蛋液放凉，加入不同的味道，只要起初调教好浓度，这个奶冻可以用来做饮品，也可以用来做我们所谓蛋挞内的蛋馅，或者其他饼食或甜品的主要内馅。

传统的奶冻用鲜奶和鸡蛋为材料，在1837年，一个叫艾尔弗雷德·伯德（Alfred Bird）的英国人以玉米米粉等材料创造了无蛋奶冻粉，好让对鸡蛋敏感的太太也可以吃到奶冻。后来这个玉米米奶冻粉变成即食奶冻粉，今天外国超市货架上有一个叫 Bird's 的即食奶冻粉牌子，就是以这个英国好丈夫命名的。

为什么欧洲的传统食品会在印度和巴基斯坦进入寻常百姓家呢？可能是因为英国人统治了印度半岛颇长时间，英国人的食品，便随着殖民统治而在印度半岛生根吧。

豆咖喱

黄色的豆
(去皮绿豆)
红色豆

苘香子
油

1 把黄色的豆和红色豆倒出来，
各一半。

2 然后用清水清洗

3 用油把苘香
子煮5分钟

西红柿
切粒
蒜
切粒
生姜
切粒
洋葱切粒

辣椒粉
咖喱粉
糖
水

4 当油沸后，便放下
西红柿粒、蒜粒、
生姜粉和洋葱粒。

5 再放下辣椒粉、
咖喱粉和糖，
再加入适量水稀释。

6 当咖喱和辣椒粉爆
香后，便倒入已洗
好的豆。

7 这样便可以放
在高压锅内煮

8 方便又美味的
豆咖喱便完成了，
十分适合素食人士。

芒果 Custard

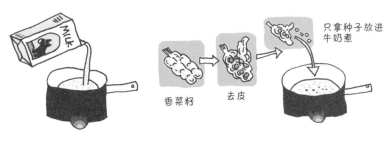

香菜籽　去皮　只拿种子放进
牛奶煮

① 先把牛奶煮热

② 并把香菜籽与牛奶一起煮

芒果味
custard 粉

搅拌

半个芒
果肉

③ 另一边用室温水调
开 custard 粉，并搅拌成
custard 浆。custard 粉
遇水会由白色转为橙黄色。

④ 当牛奶煮热后，
便放入砂糖和
custard 浆。

⑤ 然后再把半个芒果
肉放进 custard
中煮，不断搅拌。

另一半
芒果肉

⑥ custard 煮好后便
倒进碗里待凉

⑦ 最好是放进冰
箱中冷冻

⑧ 当要吃 custard
时，便把余下的半
个芒果肉拌好。

伴碟

天水围的印度杂货店

　　Rani 说她也很喜欢香港的食物，例如鱼和菜，她说这些都很简单但很好吃。我问她在哪里学会做香港菜，她说是与邻居很多的交流。

　　Rani 家住天水围，孩子都在天水围上学。在访问的过程中，遇有英语说不清的事情，我们请她的小孩子用广东话翻译。Rani 还是很注重印度传统的传承，所以小孩子还是要接受了很多印度文化的教养；但是现实的生活环境在香港，小孩子必须要有生活的能力，她的小孩子都是三文三语的 —— 中文、英文和印度文。

　　Rani 说香港虽然是一个很小的地方，居住的环境也很狭小，但她还是很喜欢住在香港，小孩子在香港接受教育的机会比在印度时要好得多。我问她在天水围生活好吗？她说不错的，她和丈夫会到丈夫的兄弟开的印度杂货店帮手，杂货店在天水围，不单解决了他们自己购买印度食品的问题，而且因为杂货店不是在商场内，而是在湿街市[1]里面，所以你可以说它是很地道的印度杂货店。Rani 说很多香港的菜式都是跟杂货店的邻居学回来的。其实不单印度人吃咖喱，香港人吃的也不少，但是在香港人眼里，印度人可是咖喱专家！煮咖喱，当然要问印度人，更何况有个会说广东话，也在湿街市做生意的印度人？很多人到杂货店买材料也会询问 Rani 印度菜的制作，她也很乐意分享，而且生意也因为这些传授而额外受支持。

　　我在 Rani 家里看完了示范，跟她到街市杂货店买 Papad 和印度菜的材料。这间小店除了食品外，连 CD 租借服务都有；特别一提，店里有很便

三女　Rani老公　大仔　Rani　二仔

宜的 ghee 供应。Ghee 是酥油，以乳牛或水牛的奶再提炼而成，是做酥油饼的必备材料。我在选择酥油的时候，Rani 抱了一个小朋友坐在柜台上玩。小朋友是邻店老板的女儿。Rani 说："我们的孩子都跑来跑去，你到我的店，他到我的店，有时他们问我印度菜的事，我问他们香港食物的煮食方法。"不说不知道，原来天水围住了不少南亚家庭，有专门给他们的学校。如果 Rani 是香港少数族裔融入社区的典型，尽管在香港人眼中天水围不是很理想的社区，然而对少数族裔来说，也许天水围已算是一个不错的落脚地吧。

1. 湿街市，香港的露天街市，为街坊提供合理的食物、衣物和医药等生活必需品，是香港最有"人情味"的特色景点。

天水围的俄罗斯煎炆肉丸

　　想不到我在天水围会遇到一位俄罗斯太太，替我们示范了简单而地道的俄罗斯菜式。Anna 在访问全程都保持着礼貌的微笑，很少说话，倒是在一旁的奶奶替我们传话。本来是奶奶说可以示范俄罗斯菜式，因为她的媳妇是个俄罗斯人，但媳妇却不想出镜。怎知到了示范当天，媳妇突然又愿意示范地道俄罗斯菜，于是，奶奶当然要让师傅居中，她从旁传译。Anna 会说广东话，但不能说得太快，也不一定能听得很清楚。我开始问："这个菜叫什么？"奶奶抢着代答，是汉堡肉吧！如果是英语，有名字吗？Anna 说："英文我不懂，我可以写它的俄罗斯文给你。"于是她这样写：KOTΛTEbl。看完她的示范，我给这个起了个名字：俄罗斯煎炆肉丸。

　　它的材料不复杂，免治牛肉加免治猪肉。当中的配料包括了碎洋葱、土豆、香菜、蒜、生鸡蛋和黑胡椒。所有材料都放在一起，拌得均匀，当中的生鸡蛋直接打到免治肉里，土豆是刨丝加入的；香菜、蒜和黑胡椒都是切碎了的。当所有的材料都加在一起拌得均匀时，便可以把肉丸搓成一小个、一小个，像一个乒乓球般大小；然后用手掌略为压扁。压扁了的肉丸差不多可以放到平底锅里煎了。

　　记住下锅之前，肉丸要先蘸一层面粉；加上了面粉再煎的肉丸表皮会更香脆，又可阻隔肉汁流失。根据 Anna 的示范，她的肉丸要煎得很透，很金黄，而且还要有一点（但不太多）焦香。两面如是，都煎得金黄而带一点焦香。Anna 替肉丸加入一点水。加水的分量，大约跟做锅贴一样，锅底下有

一片水就足够了。加了水，火仍不大，维持在煎肉丸的中、慢火。肉丸就在锅里煎炆约15分钟，水刚好收干，但肉丸仍有汁，可以上碟了。

　　接下来要介绍的另一个菜式是我的心头好：薯蓉！Anna的薯蓉用了牛油和鲜奶调味，薯蓉有香浓的奶香甜味，加上香草，别有清新感觉。Anna把土豆去皮，切成大块，放在水里煮透，把水隔去之后，独留一碗煮土豆的水备用。然后，把土豆压扁成蓉，又可以不必太"细"，留有少量压不扁的土豆碎粒，吃在口里滑中有口感。压扁的土豆，可以加入牛油、一只生鸡蛋、半盒鲜奶、自己喜欢的香草和少许盐，慢慢拌均匀。一边拌薯蓉，一边可以徐徐加入那碗煮过土豆的水，但不要多，加水的目的是让薯蓉有足够的水分和湿度，有牛油、有鲜鸡蛋、有少许水分，你说薯蓉拌出来怎会不滑呢？

　　Anna最后替我们示范的是一个沙拉。一看材料，意料之外她没有用橄榄油，而是使用卡夫奇妙酱[1]，除了切粒黄瓜、切粒煮蛋和玉米粒之外，Anna竟然在沙拉加入蟹柳！她把蟹柳切粒。她说居港6年了，我以为她在这6年里经已被香港的蟹柳和奇妙酱同化了，可是她说在俄罗斯都吃蟹柳的，中国出口很多食品到俄罗斯啊！当她把这个奇妙酱沙拉拌好，她开怀地朝我一笑说："我最喜欢这个沙拉！"我一直以为吃沙拉的洋人会看不起我们用奇妙酱拌沙拉的！

1. 卡夫奇妙酱：一种沙拉酱。

奶香滑薯蓉

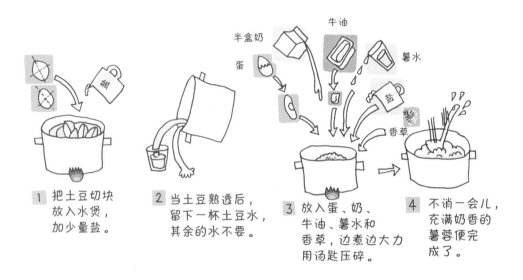

半盒奶

蛋

牛油

薯水

盐

香草

1 把土豆切块
放入水煲，
加少量盐。

2 当土豆熟透后，
留下一杯土豆水，
其余的水不要。

3 放入蛋、奶、
牛油、薯水和
香草，边煮边大力
用汤匙压碎。

4 不消一会儿，
充满奶香的
薯蓉便完
成了。

简易沙拉

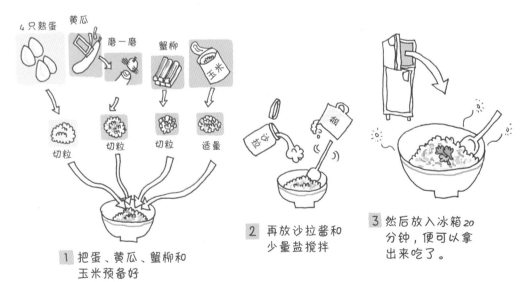

4 只熟蛋

黄瓜

磨一磨

蟹柳

玉米

切粒

切粒

切粒

适量

1 把蛋、黄瓜、蟹柳和
玉米预备好

2 再放沙拉酱和
少量盐搅拌

3 然后放入冰箱20
分钟，便可以拿
出来吃了。

俄国煎炆肉丸

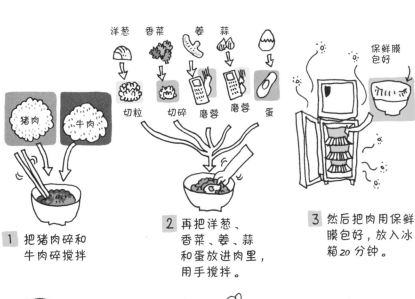

洋葱　香菜　　姜　蒜　　蛋

切粒　切碎　磨蓉　磨蓉　蛋

猪肉　牛肉

保鲜膜包好

1 把猪肉碎和牛肉碎搅拌

2 再把洋葱、香菜、姜、蒜和蛋放进肉里，用手搅拌。

3 然后把肉用保鲜膜包好，放入冰箱20分钟。

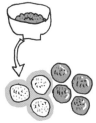

4 冻过的肉便可以分成一个个的肉球了

5 先煎肉球表面至金黄，约煎5分钟。

6 再加适量水并盖上煲盖炆15分钟

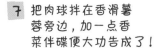

7 把肉球拌在香滑薯蓉旁边，加一点香菜伴碟便大功告成了！

伴碟 | **沙拉油**

　　快餐店让我以为沙拉是用奇妙酱做的。一直到大学，我跟一个朋友到澳门，她的司警朋友带我们去吃葡国菜，我才第一次吃到用橄榄油做的沙拉，原来沙拉是杂菜捞油，不是用奇妙酱的。由初中的圣诞节学校派对开始，我们自做的沙拉一定是杂果加奇妙酱。

　　年纪渐长，慢慢搞下厨房，认识食物，才知道橄榄油是个好东西。中国人用不惯橄榄油，用来炒菜，其味怪怪的。橄榄油之好，是因为它含有大量不饱和脂肪酸。多吃橄榄油沙拉，对心血管无损。而且因为它的发烟点很高，在摄氏200℃以上的高温也不产生致癌物，所以被喻为油中之王；不过一般超级市场的橄榄油不会让你明白它的好处。价钱平，又大瓶的橄榄油都不会是初榨橄榄油，有些甚至是用化学物抽取的油脂，所以味道清淡，吃不出一个所以来。水一样的油，为什么要捞沙拉呢？

　　初榨橄榄油就不同了。第一榨，如果没过滤和提纯，橄榄油味道特别香浓，如果是以冷压方法榨取，质量更高。冷压方法是指物理压榨而得出油脂，同时整个榨油过程中，原料物的温度不会超过100℃，因此油脂内的成分不会因榨油过程而受到破坏。橄榄油加一点黑醋，用来拌沙拉或者吃面包是最简单的方式，又能获得丰盛的味觉享受。当然，橄榄油的味道也会因产地不同而有不同风味。我个人的经验是大部分美国出品都没有明显风格，可能是因为这些油都不是美国原产，而是从欧洲入口再包装的产品。西班牙、意大利的橄榄油很有个性，然而在香港可以买到的品种不多，试来试去，最后首选是西班牙某个牌子吧。

其实，美国有一个牌子的有机初榨橄榄油很不错，它有一种特有的果仁甘香味，一试难忘。当然我还是怀疑它本身不是美国原产。我让一个久居意大利的朋友试试这个果仁甘香的橄榄油，她不说好坏，只抛下一句："我不买美国货的！"唉！她比我的西班牙橄榄油更有性格。

土耳其酿茄子，慢工出细货

　　古太热爱家庭，她本姓什么我也不去问了。丈夫是土耳其人，便成了"古"太，这个"古"字，也是音译。古太说："我是中文大学工商管理学系的毕业生，现在专责管理这个家。"如果说男人在职场上表现自己，土耳其的家庭主妇就在饮食和打点这个家找到位置，得到私人的满足和社会的认同。单看古太煮一个土耳其酿茄子，的确一步步，不能舍却细节。

　　土耳其酿茄子跟我们惯常吃到的酿茄子有很大分别，因为它是整条酿，整条上碟的。首先古太把茄子皮相间削皮，然后用刀把茄子剖开，但不是整条茄子从头到尾剖开，而是头尾皆留4厘米。茄子要挖肚，把未成熟的种子挖出来，以后留用。

　　茄子是很吃油的食材，古太说先把茄子浸过盐水或者放少许盐擦匀，茄子就不会吸太多油，再放在平底锅里煎香。与此同时，古太开始用另一个平底锅做酿茄子的配料。

　　土耳其多回教徒，酿茄子的肉类绝对不可能有猪肉，传统做法是他们用牛肉。把洋葱切碎，放橄榄油，在平底锅内爆香，然后把茄子肚里挖出来的种子都放入锅里。古先生加入帮忙，翻弄一下洋葱，抛两下锅；接着，二公子加入，在洋葱上加入免治牛肉，再爆香。古太加入少许土耳其茄膏。茄膏，好像番茄酱，但是比较干，一般用来煮西红柿汤或做酱汁用。

　　古太把茄子翻两下，回到牛肉碎配料，加入一撮生白米。古太说加了白米，煮开，在酱汁里多点口感，然后又加一点盐和黑胡椒粉。配料再煮一会

儿，古太把磨成蓉的新鲜番茄酱加入牛肉碎中。古太说茄膏是增色用的，但真正的味道来自这些新鲜的西红柿蓉。由于白米吸了水才会煮开，这时候不妨加一点水到肉碎配料内。最后这个肉碎要加入唯一的香料 —— 干的薄荷叶碎。在盖上锅盖之前，少不免⋯⋯古太又撒一点盐。

正常的程序是，茄子煎好了，放一会儿，凉了才好酿入肉碎；但今天因时间关系，古太把煮好的牛肉碎酿入了还有点烫手的茄子里。看着杀了肚的茄子被牛肉碎填满，我觉得它真似一条酿了猪肉碎的鲮鱼。如果有香港的素食店以素肉煮这个酿茄子，又不妨称之为酿素鲮鱼。

茄子酿入牛肉碎后，还要进行最后一个工序。用长身的牛角椒，一条一条将茄子分隔开，牛角椒承托着已经酥软的茄子。古太说土耳其人的小菜很讲究卖相，传统是整条上碟的茄子，不要把它弄断了；所以先用牛角椒固定茄子的位置。同时，又怕酿入的牛肉碎会走出来，于是酿入茄子的肉碎还要被一小角的西红柿压住。好了，完整的茄子酿入了牛肉碎，上面有片鲜红的西红柿，然后又有几条青绿的牛角椒傍着。唉！未完工啊！

把少许清水加入平底锅，上盖再煮15至20分钟，这个酿茄子才叫大功告成。要提醒一下，土耳其人不喜欢把汁料直接倒在食材上面，认为这样遮住了食物本身的色相。入水煮茄子，要在旁边徐徐注入；煮好的茄子要小心上碟，茄子、牛角椒一步一步不得错乱，总之要排列得好看，平底锅内的酱汁也是慢慢从碟边倒下去，让酱汁浸润茄子，而不是从正面倒入茄子内。

长茄子酿肉碎

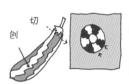

1 先把长茄子如图示刨去部分皮

2 并切开长茄子肚子，挖出瓜瓤待用。

3 再用盐腌一下长茄子和瓜瓤

4 洋葱切粒

5 这样便开始用油煎长茄子

6 另一边用洋葱、茄膏、盐及黑椒粉煎牛肉碎。

7 当牛肉碎煎得差不多后，便倒下少量水和薄荷叶再煮，令牛肉碎更香更松软。

8 煮好牛肉碎，便要填入煎好的长茄子内，加上两片西红柿可防止肉碎跑出来。

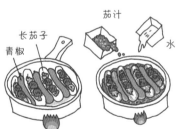

9 然后再把长茄子和青椒隔开挤在锅中，青椒有固定长茄子的作用。

10 把新鲜茄汁和水倒入长茄子旁边再盖上煲盖。

11 当长茄子炆好后，便加入少许橄榄油及盐调味，土耳其人喜欢吃浓味，可多加一些盐调味。

12 把长茄子和青椒夹在碟上，再把西红柿汁倒在旁边便大功告成了。

米布丁

一杯半水　　40克米

1 把40克米和
一杯半水放
在饭煲煮

牛奶

2 当饭煮至开始
开花时，便倒入
500毫升鲜奶搅匀。

砂糖

3 然后把适当分
量的砂糖放入
布丁中煮

玉米粉水

4 为了令布丁更黏稠，
更可加入玉米粉沟水
调校一下。

5 奶味十分浓厚而
且有饭粒咬口的
米布丁大功告成，
冰冻后便更美味可
口了！

伴碟

如何做一个土耳其「煮」妇

　　古太不太想谈私人事，缘分加上一见钟情，轻轻带过。一个年轻女子，在大学读的是工商管理，嫁到土耳其，香港有多少人可以对土耳其说出个所以然来？土耳其是一个回教国家。古太说："婆婆过世了，但我还是很想念婆婆。婆婆虽然在乡村长大，但很会体谅别人。我一个女子嫁到土耳其，土耳其的婆媳问题也是很严重的，但婆婆很照顾我。我在香港也没有持家做饭的经验，在土耳其，女人主要的工作是持家，大家不太外出用餐，家庭生活很重要；加上大家喜欢互相探访，所以一个女主人最重要是能煮一手好菜，懂得让亲人和朋友在家里过得舒服；甚至有一种家具，是特别让主人待客用的，把食物都放在一架小车上，方便主人替客人送上食物、饮品。一个女人是否受到尊重，就要看这些表现了。"

　　土耳其的家庭主妇每天都花很多时间在厨房里，看古太做一个酿茄子，步骤复杂，一步都不能少，而且很多家庭小菜都以这种精神处理的。你唯一可以减省时间的，譬如说酿茄子，早上做够晚餐的分量，便可以把时间多放一点在家庭其他事务上。以前什么都不懂的古太，在夫家跟亲友学做土耳其菜，学做酿茄子的时候，古太会把酱汁从头淋下去。慢慢地古太学会了土耳其菜的精粹。她和丈夫都有一个心愿，不如在香港开一间土耳其食店吧！但是，开食肆是很花时间的。

　　古太说土耳其食物，甜则很甜，咸则很咸。她要跟上土耳其的习惯。习惯不算难养成，但是在有资格养成这习惯之前，她必须要成为一个回教徒。在回教家庭里，不管你来自何方，没有一个家庭成员不是回教徒，难道丈夫一点都不受影响吗？古太说因为孩子读书的关系，大家商量了很久才决定回到香港定居的，因为她想孩子可以学中文。经过3、4年的生活，丈夫没有改变好甜好咸的习惯，但4年之后，丈夫开始爱上了广东蒸鱼，他喜欢鱼的鲜甜，而且特好姜葱。古太又说："丈夫很喜欢姜，例如红薯糖水，又甜又有姜味，很对胃口。"古太说，在土耳其认识了另一位从香港嫁过去的太太，这位太太的丈夫经过十年时间才可以接受广东蒸鱼，真是一个很漫长的文化交流过程啊。

图书在版编目（CIP）数据

五湖四海家常菜 . 2, 华北、东南亚及东欧地区 /
Stella So 著 . -- 北京：生活·读书·新知三联书店，2012.10

ISBN 978-7-108-04293-4

Ⅰ.①五… Ⅱ.①S… Ⅲ.①家常菜肴 - 菜谱 - 华北
地区②家常菜肴 - 菜谱 - 东南亚③家常菜肴 - 菜谱 - 东欧
Ⅳ.①TS972.18

中国版本图书馆 CIP 数据核字 (2012) 第242681号

责任编辑　李钰洁
装帧设计　范晔文
出版发行　生活·读书·新知 三联书店
　　　　　（北京市东城区美术馆东街22号）
邮　　编　100010
经　　销　新华书店
印　　刷　北京华联印刷有限公司
版　　次　2012 年 11 月北京第 1 版
开　　本　180 毫米 × 218 毫米　1/16　印张14.5
字　　数　85 千字
图　　片　1180 幅
印　　数　00,001 - 10,000 册
定　　价　45.00 元